Little

问东问西小百科

U0381169

怪怪科学

宇航员在太空怎么尿尿?

总策划/邢　涛　主　编/龚　勋

重庆出版集团
重庆出版社
果壳文化传播公司

前言

Qian Yan

巧问妙答 在千奇百怪的问题中成长！

好奇是成长的原动力

世界，对于孩子而言，总是那么新奇无比、变化多端。在成年人眼里再普通不过的事物，到了孩子们的眼里却能幻化出新鲜的东西，吸引他们去刨根问底。可以说，处在童年时期的每一个孩子都是一个“问题”小孩，他们的小脑袋瓜里装满了千奇百怪的小问号。

什么动物不喝水也能活？南极和北极，哪边更冷？宇航员在太空怎么尿尿？妈妈，我可以站着睡觉吗？小孩为什么不能当总统？……有时，孩子们这些天马行空的“为什么”，还真令爸爸妈妈们头疼。各位爸爸妈妈，想解决这个难题吗？让《问东问西小百科》来帮你们的忙吧。

本丛书分《怪怪动物》《怪怪自然》《怪怪科学》《怪怪人体》《怪怪生活》五册，精心收集了孩子们最感兴趣的话题。动物、自然、科学、人体、生活……只要孩子们能发现问题的地方，本丛书都能给予科学而翔实的解答！

让每位孩子都成为“万事通”

本丛书是一套真正能满足孩子们求知欲的亲子读物！书中语言浅显易懂、生动有趣，每个问题都配有大量精美的图片，在轻松愉快的氛围中为孩子们答疑解惑。同时，我们还设置了与主题紧密相关的“智慧小考官”栏目，以求进一步拓展孩子们的视野，为孩子们展示出一个精彩无限的世界。

好奇中产生知识，知识里萌发兴趣。孩子们那些看似天马行空、不着边际的疑问，实则蕴含着很多科学道理。希望这套书能向孩子们诠释出未知世界的美丽，引领他们一步步走进科学园地，在知识的海洋里尽情畅游！

目录 CONTENTS

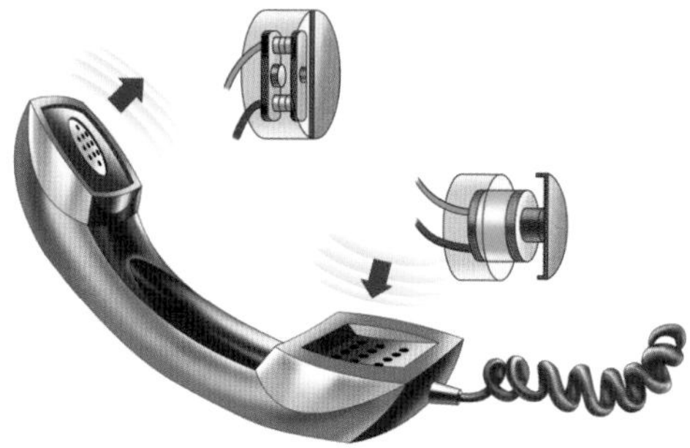

目录 CONTENTS

魔术方阵是怎么回事？

魔术方阵也叫幻方，在这个方阵里的数字，不管是横着、竖着还是斜着相加，它们的和都是一样的。相传，中国古代大禹治水时，洛水里出现一只大乌龟，乌龟的背上有许多小圈，把这些小圈用线连起来，再用数字代替，就做成了最简单的魔术方阵。人们称它为“洛书”。

这只乌龟背上的花纹应该就是魔术方阵吧？

“洛书”是最简单的魔术方阵模型，相传它源自一只奇特的乌龟。

在最上面一行的中间格内写 1，然后按箭头方向依次填写 2，3，4，……，9。最后将 2 和 8 对调，就完成了魔术方阵的排列。

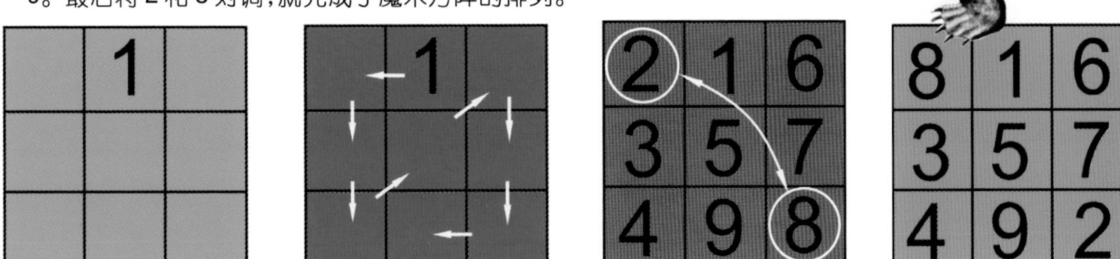

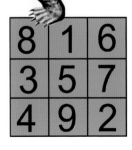

金字塔的高度是怎样测量出来的？

古埃及的金字塔雄伟壮观，是世界文明的奇迹。早在公元前6世纪左右，人们就费尽心思要测量出它的高度，但都一无所获。有一天，古希腊自然科学家泰勒斯见到自己映在地上的影子，忽然有了灵感。他想金字塔也有影子，如果在自己的影子和身高相等的时候去测量金字塔的影子，这样不就能得出金字塔的高度了吗？于是，他经过

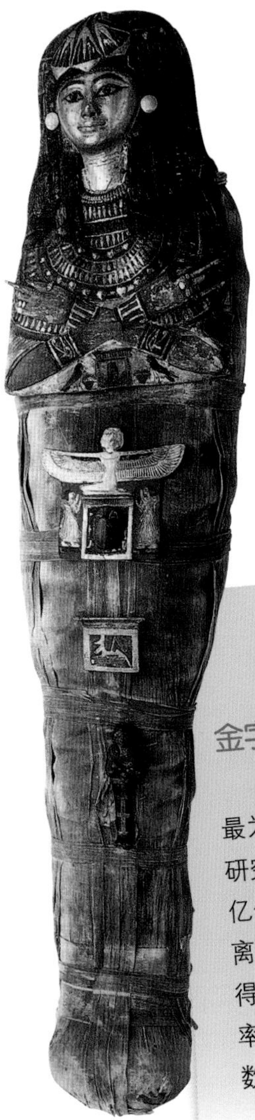

金字塔实际上是埃及法老的陵墓，那里面放有木乃伊。

智慧小考官

金字塔中有哪些数学知识？

胡夫金字塔是埃及金字塔中最为著名的一个，科学家对它进行研究后惊奇地发现：此塔塔高的10亿倍，恰好等于地球到太阳的距离；用塔高的2倍除以塔底的面积，得数为3.14159，结果近似于圆周率，塔的周长米数正好与一年的天数相吻合，即365.24……

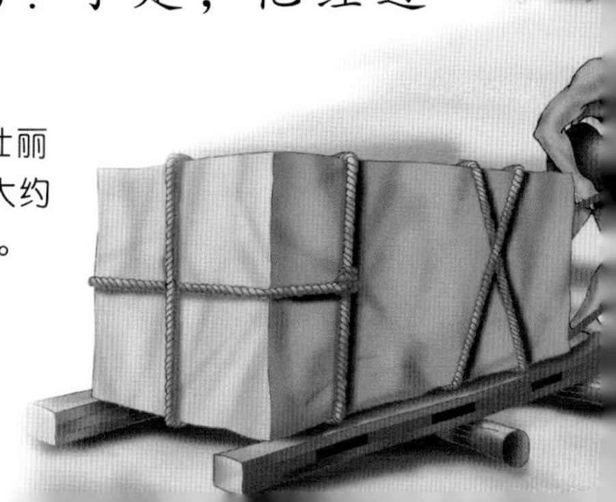

据说修建雄伟壮丽的胡夫金字塔大约用了30年时间。

rèn zhēn de yán jiū hé tuī qiāo zài jīng guò duō cì
认真的研究和推敲，在经过多次
cè liáng hòu zhōng yú bǐ jiào zhǔn què de cè liáng chū le jīn
测量后，终于比较准确地测量出了金
zì tǎ de gāo dù
字塔的高度。

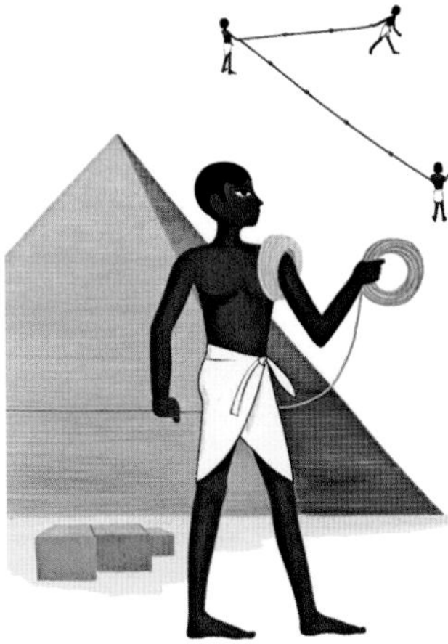

古代埃及人在农业生产过程中，较早地学会了土地测量。

shén me shì huáng jīn fēn gē
什么是“黄金分割”？

huáng jīn fēn gē qí shí shì shuō mǒu gè fēn
“黄金分割”其实是说某个分
gē de bǐ lì xiàng huáng jīn yí yàng zhēn guì jí
割的比例像黄金一样珍贵。即
jiāng yì tiáo xiàn duàn fēn chéng liǎng bù fen cháng xiàn
将一条线段分成两部分，长线
duàn yǔ zhěng tiáo xiàn duàn zhī bǐ děng yú duǎn xiàn duàn
段与整条线段之比等于短线段
yǔ cháng xiàn duàn zhī bǐ zhè ge bǐ zhí shì
与长线段之比，这个比值是0.618。
wú lùn shén me wù tǐ tú xíng zhǐ yào tā gè
无论什么物体、图形，只要它各
gè bù fen de bǐ lì
个部分的比例
guān xì fú hé zhè ge
关系符合这个
bǐ lì nà me tā
比例，那么它
jiù néng gěi rén yì
就能给人一
zhǒng shǎng xīn yuè mù
种赏心悦目
……

金字塔的构造采用了黄金分割的比例，因此看上去十分美观。

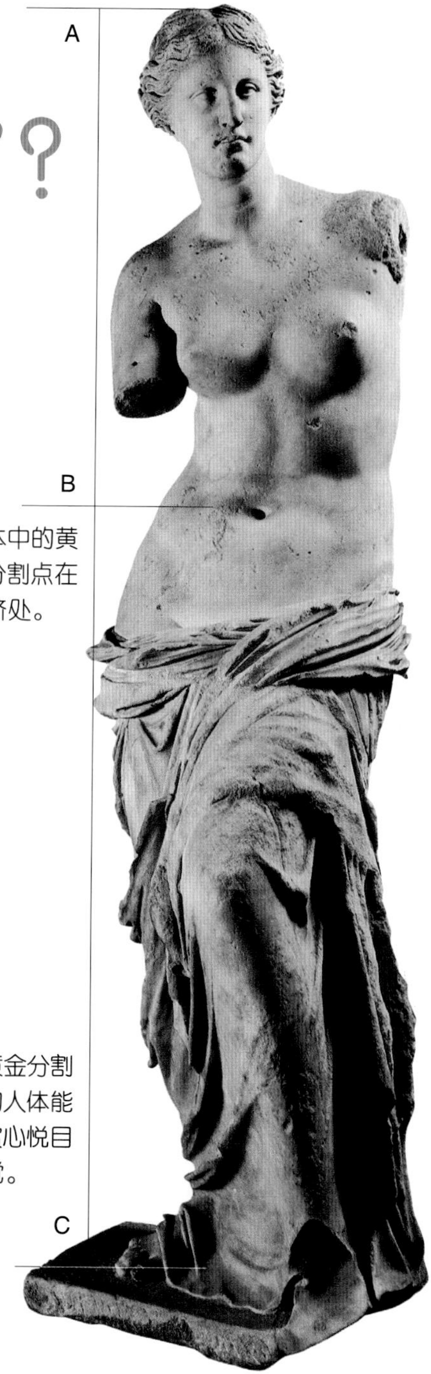

人体中的黄金分割点在肚脐处。

具有黄金分割比例的人体能给人赏心悦目的感觉。

法国画家米勒的《拾穗者》中，整个构图都采用了黄金比例。

自然界中一些事物也遵循黄金分割，比如叶片张开的角度。

的感觉。“黄金分割”是古希腊人最早发现的。因为它能够给画面带来美感，令人愉悦，所以后来人们就在绘画、雕塑、音乐、建筑等领域广泛地应用了这一比例。

智慧小考官

国旗上为什么爱用五角星？

中国的国旗——五星红旗上有五颗五角星，还有不少国家的国旗上也有五角星，这是为什么呢？原来，在五角星中，很多线段的比例都符合黄金分割。正是因为五角星浑身都体现出“黄金分割”的特征，才使它看起来变幻莫测，美丽非凡。

在我国古代兵器的结构中也能找到“黄金分割”的影子。

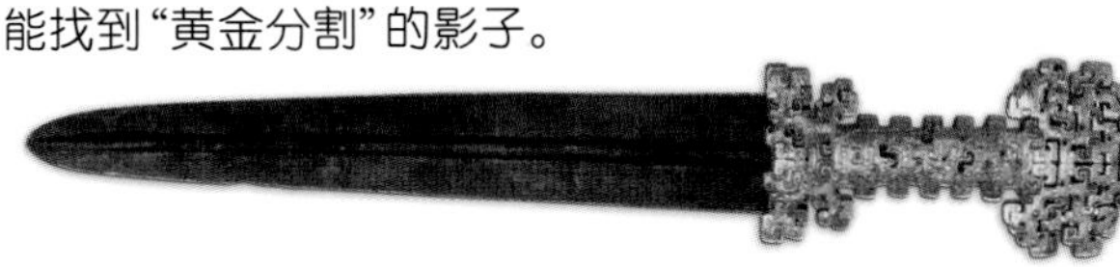

méi yǒu mó cā lì shì jiè huì zěn yàng
没有摩擦力，世界会怎样？

如果没有了摩擦力，人们将不能行走。

mó cā lì zài zì rán jiè zhōng wú chù bú zài zhǐ shì dà xiǎo yǒu suǒ bù tóng dì yī cì chuān liū bīng xié de rén zhàn zài bīng miàn shang jī hū dōu huì huá dǎo zhuā zài shǒu li de yú yě cháng cháng huì liū diào zhè xiē dōu shì mó cā lì tài xiǎo de yuán gù

摩擦力在自然界中无处不在，只是大小有所不同。第一次穿溜冰鞋的人站在冰面上几乎都会滑倒；抓在手里的鱼也常常会溜掉……这些都是摩擦力太小的缘故。

xiǎng xiang kàn mó cā lì xiǎo dōu huì chū xiàn zhè yàng de qíng kuàng rú guǒ yì diǎn mó cā lì dōu méi yǒu le shì jiè huì shì shén me yàng zi ne nà shí hou wǒ men jiāng bù néng

想想看，摩擦力小都会出现这样的情况，如果一点摩擦力都没有了，世界会是什么样子呢？那时候，我们将不能

如果汽车轮胎和地面间的摩擦力消失，汽车就无法前进了。

ná qǐ rèn hé dōng xi rén bù
拿起任何东西；人不
néng zài dì miàn shang xíng zǒu
能在地面上行走，
chē zi wú fǎ qián jìn jī qì
车子无法前进；机器
yě bú zài zhuàn dòng suǒ
也不再转动……所
yǐ duì yú wǒ men de shēng chǎn
以，对于我们的生产
hé shēng huó lái shuō mó cā lì shí
和生活来说摩擦力实
zài shì tài zhòng yào le rú guǒ
在是太重要了，如果
méi yǒu le mó cā lì shì jiè jiù huì
没有了摩擦力，世界就会
biàn de yì tuán zāo
变得一团糟。

人滑雪时，滑雪板与雪地之间的摩擦力很小，所以滑起来的速度会很快。

智慧小考官

摩擦力的大小跟什么有关？

摩擦力的大小与作用在物体表面的压力有关，物体表面受到的压力越大，摩擦力就越大。摩擦力的大小还跟接触面的粗糙程度有关，接触面越粗糙，摩擦力就越大。人们在实际生活和工作中，经常会利用这两点来增大或减小摩擦力。

运动员的鞋底和跑道地面之间存在着摩擦力。

鱼的身体非常光滑，可以减少它们与水之间的摩擦力。

刹车时人为什么会向前倾？

小朋友们可能都遇到过这种情况：坐公共汽车时，只要司机一踩刹车，我们的身体就会不由自主地往前倾，甚至会跌倒，这是怎么回事呢？告诉你吧，其实这是因为惯性在起作用。物体在不受外力作用的时候，仍然能保持原来运动状态的特性就是惯性。汽车在行驶过程中，

牛顿定义的惯性定律，是经典物理学的基础之一。

智慧小考官

车突然前进时，乘客会怎样？

如果本来静止的汽车突然前进了，坐在上面的人就会不由自主地向后仰，这其实也是惯性在起作用。因为起初人和车都处于静止状态，车突然前进时，人的下身会跟着车前进，而上身仍保持静止，所以就会向后倾倒。所以，在汽车将要启动时，要扶好站稳，以免摔倒。

紧急刹车时，乘客的身体会因为惯性往行驶的方向倾斜。

人坐在奔驰的列车上，也保持向前的运动状态。

rén de shēn tǐ hé qì chē yí yàng dōu zài qián jìn
人的身体和汽车一样都在前进。

yí dàn qì chē shā chē chē zi jiù tíng xia lai le
一旦汽车刹车，车子就停下来了，

zhè shí rén shēn tǐ de xià bù yě suí zhe qì chē jìn
这时，人身体的下部也随着汽车进

rù tíng zhǐ zhuàng tài dàn shì yóu yú guàn xìng de cún
入停止状态，但是由于惯性的存

zài rén shēn tǐ de shàng bù què réng rán bǎo chí zhe qián
在，人身体的上部却仍然保持着前

jìn de zhuàng tài suǒ yǐ shēn tǐ jiù huì bù yóu zì zhǔ
进的状态，所以身体就会不由自主

de xiàng qián qīng le
地向前倾了。

在自行车比赛中，选手们的身体要往前倾，这是为了适应惯性。

人在快速奔跑的过程中不能马上停下来，是因为惯性在起作用。

wèi shén me bù néng lí huǒ chē tài jìn
为什么不能离火车太近？

zài huǒ chē zhàn tái shang yǒu yì tiáo huáng sè jǐng jiè xiàn
在火车站台上，有一条黄色警戒线，
tā de zuò yòng jiù shì tí xǐng rén men bú yào lí huǒ chē tài jìn
它的作用就是提醒人们不要离火车太近。
zhè shì wèi shén me ne yuán lái huǒ chē zài fēi sù qián jìn de
这是为什么呢？原来，火车在飞速前进的
guò chéng zhōng chē shēn de kuài sù yùn dòng huì shǐ tā fù jìn de
过程中，车身的快速运动会使它附近的
kōng qì liú sù yě jiā kuài zhè xiē kōng qì suí zhe chē shēn de yùn dòng
空气流速也加快，这些空气随着车身的运动
xiàng qián chōng qù cóng ér shǐ chē xiāng zhōu wéi de yā qiáng jiǎn xiǎo ér
向前冲去，从而使车厢周围的压强减小，而

火车在快速行驶时外侧会产生强大的压强。

站台地面上标示的黄线就是提醒人们注意安全的。

因为海底的压强非常大，所以潜水员必须要穿抗压的潜水服。

智慧小考官

船吸现象是怎么回事？

当距离过近的两艘船平行着向前航行时，两船中间的水比外侧的水流得快，中间的水对两船内侧的压强小，而外侧的水对两船外侧的压强要大。于是，在外侧水的压力作用下，两艘船就会越来越靠近，最后相撞。现在航海上把这种现象称为“船吸现象”。

由于快速行驶的火车之间会产生很大的大气压强，所以两条铁轨之间要留一定的距离。

wài cè de kōng qì yīn wèi yā
外侧的空气因为压
qiáng jiào dà jiù huì xùn sù bǔ chōng
强较大，就会迅速补充
guo lai cóng ér duì huǒ chē zhōu wéi de wù
过来，从而对火车周围的物
tǐ chǎn shēng yí gè cháo xiàng huǒ chē de jù
体产生一个朝向火车的巨
dà yā lì rú guǒ zhè ge shí hou rén zhàn de lí huǒ chē hěn jìn yōng guo lai de kōng
大压力。如果这个时候，人站得离火车很近，拥过来的空
qì jiù hěn róng yì bǎ rén tuī xiàng huǒ chē huò tuī xià tiě guǐ zào chéng shāng wáng shì gù
气就很容易把人推向火车或推下铁轨，造成伤亡事故。
zài hǎi shang lún chuán zhī jiān yě huì chū xiàn lèi sì de chuán xī xiàn xiàng
在海上，轮船之间也会出现类似的船吸现象。

shēng bō yě huì shā rén ma
声波也会“杀人”吗？

yì cháng bào fēng yǔ guò hòu yì sōu huò chuán shang de chuán yuán tū rán quán bù sǐ
一场暴风雨过后，一艘货船上的船员突然全部死
wáng zhè dào dǐ shì zěn me huí shì ne kē xué jiā yán jiū fā xiàn zhè jiàn cǎn àn de
亡，这到底是怎么回事呢？科学家研究发现，这件惨案的
xiōng shǒu jìng rán shì yì zhǒng dāng shí bù wéi rén men suǒ shú xi de
“凶手”竟然是一种当时不为人们所熟悉的
shēng bō cì shēng bō cì shēng bō shì yì zhǒng rén ěr tīng
声波——次声波。次声波是一种人耳听
bu dào de shēng bō tā de pín lǜ hěn dī
不到的声波，它的频率很低，
zài hè zī yǐ xià zhè zhǒng
在20赫兹以下。这种

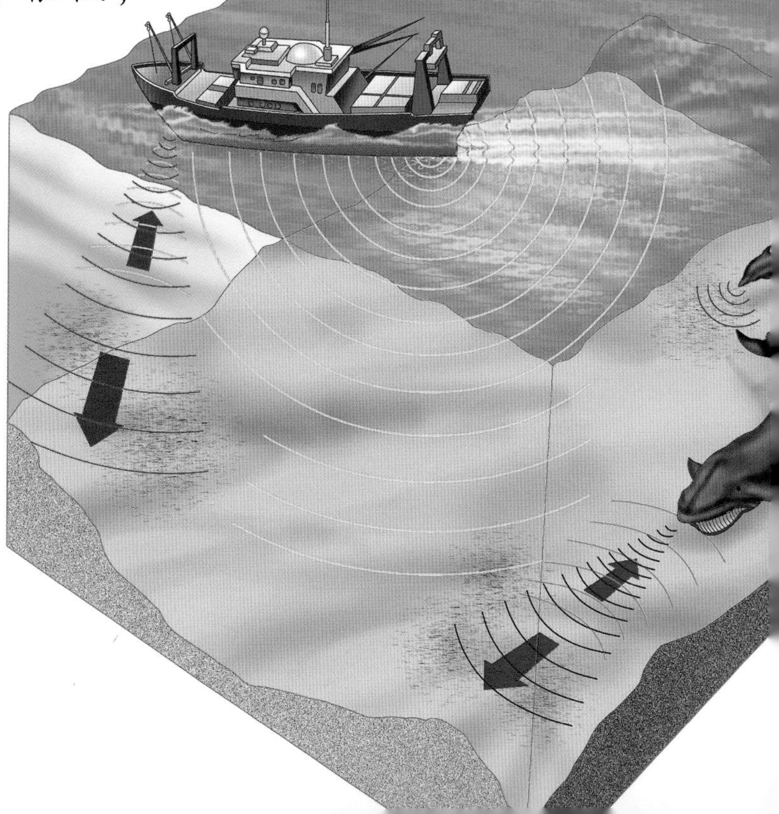

智慧小考官

什么是声波呢？

声波是物体由于运动而在空气、水、钢管、地面等介质中传播的一种波。要产生声波就必须要有声源和传播声波的介质。声波按频率可以分为可听声波、次声波和超声波三种。其中只有可听声波才能被人的耳朵听到，有些动物可以听到次声波或超声波。

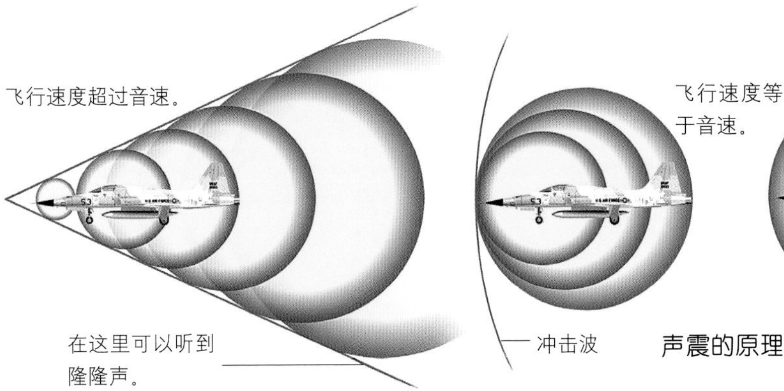
飞行速度超过音速。
飞行速度等于音速。
飞行速度低于音速。
声波
在这里可以听到隆隆声。
冲击波
声震的原理

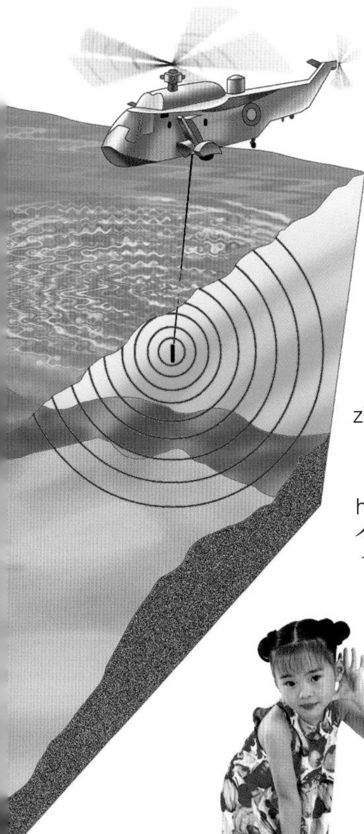

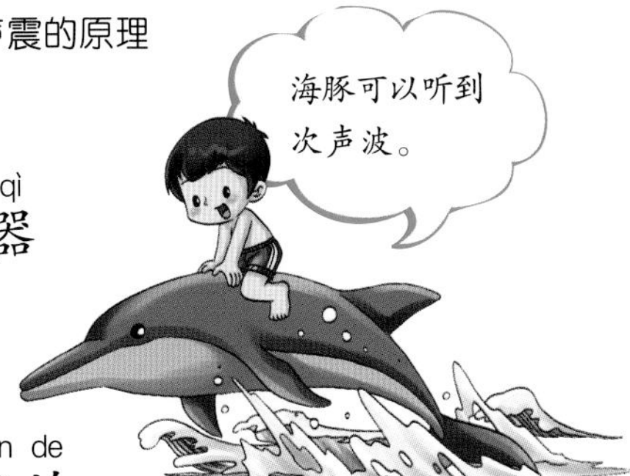
海豚可以听到次声波。

pín lǜ zhèng hǎo hé rén tǐ nèi zàng qì
频率正好和人体内脏器
guān de zhèn dòng pín lǜ xiāng sì yīn
官的振动频率相似，因
cǐ néng yǐn qǐ rén tǐ nèi zàng qì guān de
此能引起人体内脏器官的
gòng zhèn cóng ér shǐ rén chǎn shēng tóu yūn ěr míng ě xin děng zhèng
共振，从而使人产生头晕、耳鸣、恶心等症
zhuàng yán zhòng de shèn zhì huì dǎo zhì rén yīn nèi zàng shòu sǔn ér sǐ wáng
状，严重的甚至会导致人因内脏受损而死亡。
huò chuán shang de chuán yuán men zhèng shì sǐ yú cì shēng bō de gān rǎo
货船上的船员们正是死于次声波的干扰。

No.1
人类的耳朵能够接收声波，从而听到声音。

No.2
蝙蝠飞行时会发出超声波。

No.3
有些声音会让人产生不舒服的感觉。

wèi shén me jìng zi li de xiàng shì fǎn de
为什么镜子里的像是反的？

zǎo shang xǐng lái zhào zhao jìng zi nǐ huì fā
早上醒来，照照镜子，你会发
xiàn lǐ miàn yǒu yí gè gēn zì jǐ dà xiǎo yí yàng de
现里面有一个跟自己大小一样的
xiàng bú guò tā gēn wǒ men de fāng xiàng shì zuǒ yòu
像。不过它跟我们的方向是左右
xiāng fǎn de zuǒ shǒu pǎo dào le yòu bian yòu shǒu què pǎo dào le zuǒ bian zhè shì wèi shén
相反的，左手跑到了右边，右手却跑到了左边，这是为什
me ne yuán lái zhè shì yīn wèi guāng xiàn néng gòu zài jìng miàn shang fǎn shè zài zhào
么呢？原来，这是因为光线能够在镜面上反射。在照
jìng zi de shí hou zhào dào wǒ men shēn tǐ shang de guāng xiàn yòu zhào shè dào jìng zi li
镜子的时候，照到我们身体上的光线又照射到镜子里，

镜子里的像和我们自己正好左右相反。

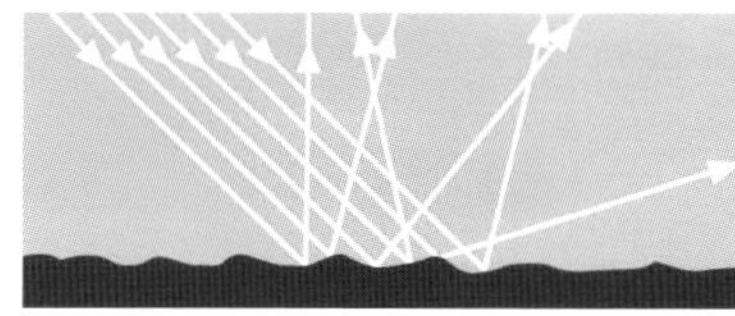
水面和镜面一样，也可以反射光线。

智慧小考官

什么叫光的反射？

光从一种介质射入另一种介质时，在两种介质的分界面上，光改变传播方向，一部分光回到原介质里继续传播，这种现象叫作光的反射。光的反射遵循反射定律，也就是反射光线与入射光线、法线在同一个平面内；反射光线和入射光线分居法线两侧；反射角等于入射角。

No.1

进入直角棱镜的光，会因反射而沿对称方向折回。

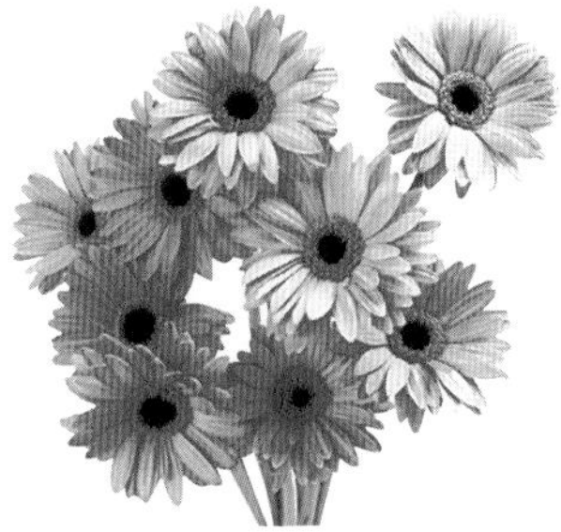

No.2

花虽然不会发光，但因为它可以反射光，所以能够让我们看到它。

No.3

海市蜃楼这种奇观是由于光的反射和折射形成的。

zhè xiē guāng xiàn tōng guò jìng
这些光线通过镜
zi de fǎn shè yán duì chèn
子的反射，沿对称
fāng xiàng zhé huí yòu chuán
方向折回，又传
dào le wǒ men de yǎn jing
到了我们的眼睛
li yú shì wǒ men kàn
里。于是，我们看
dào de jìng zi li de xiàng
到的镜子里的像，
jiù chéng le yǔ zì jǐ zuǒ yòu fāng xiàng xiāng
就成了与自己左右方向相
fǎn de le
反的了。

镜子会对光线进行反射，所以会产生方向相反的像。

zěn yàng huò dé diàn ne
怎样获得电呢?

diàn shì xiàn dài shè huì zhōng yìng yòng zuì duō de yì zhǒng néng yuán
电是现代社会中应用最多的一种能源，
dàn rén men què wú fǎ cóng zì rán jiè zhōng zhí jiē huò dé diàn ér shì yào
但人们却无法从自然界中直接获得电，而是要
lì yòng gè zhǒng shè bèi bǎ qí tā zhǒng lèi de néng liàng zhuǎn huà wéi diàn néng
利用各种设备把其他种类的能量转化为电能。
qí zhōng fā diàn jī jiù shì bǎ jī xiè néng zhuǎn huà wéi diàn néng de yì zhǒng zhuāng
其中发电机就是把机械能转化为电能的一种装
zhì tā de nèi bù zhuāng yǒu tóng dǎo xiàn hé tiě gǔn tóng dǎo xiàn rào zài
置，它的内部装有铜导线和铁辊，铜导线绕在
tiě gǔn shang tōng guò xuán zhuǎn tiě gǔn shǐ dǎo xiàn xiàn quān zài cí tǐ nèi
铁辊上，通过旋转铁辊，使导线线圈在磁体内
bù jìn xíng yùn dòng qiē gē cí lì xiàn chǎn shēng diàn cí gǎn yìng
部进行运动，切割磁力线，产生电磁感应，

发电机工作原理示意图

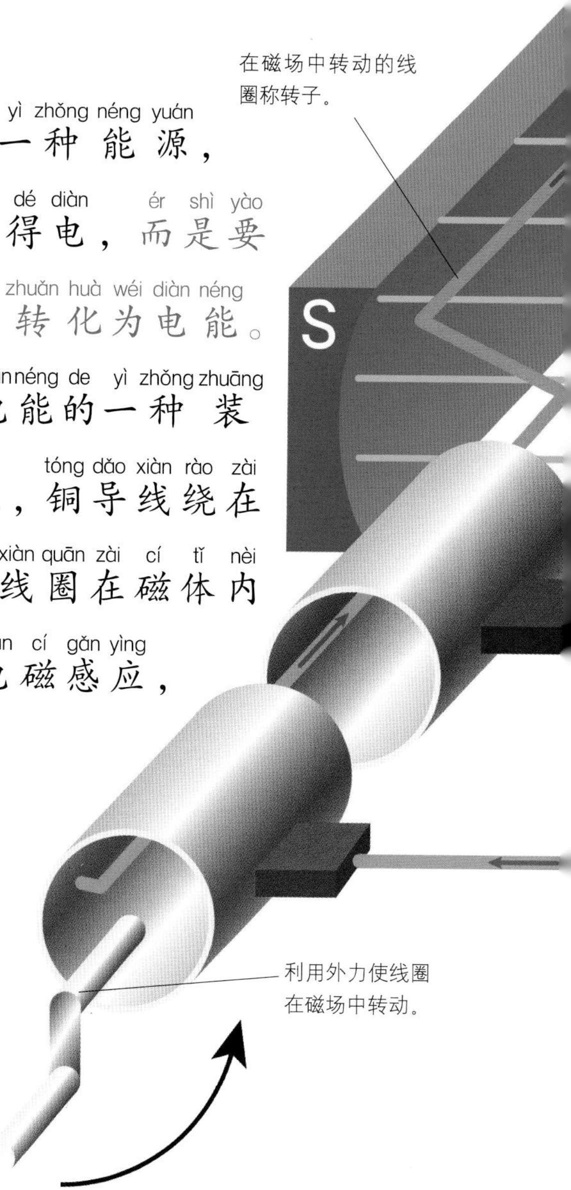

在磁场中转动的线圈称转子。
S
利用外力使线圈在磁场中转动。

静电不同于发电机产生的电，无法用来照明或开动机器。人触到这种静电装置，虽然头发会竖起来，但不会有危险。

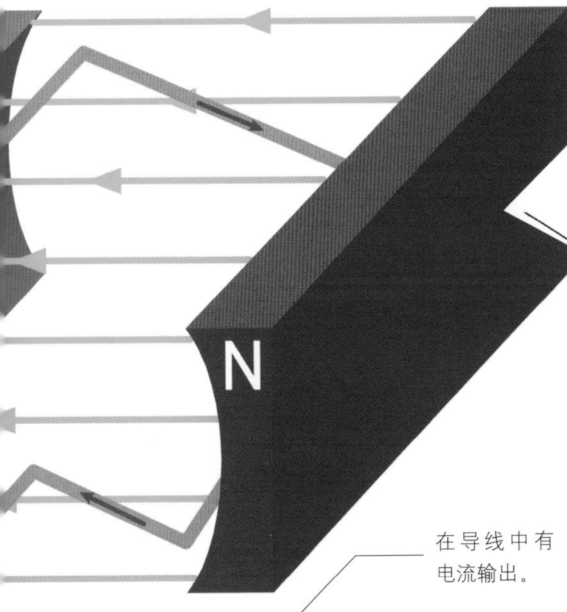

N
在导线中有电流输出。

原来电是这么来的啊！

智慧小考官

电在我们的生活中有哪些用途呢?

电在我们的生活中用途很广，有了电，各种家用电器才能工作：电灯为我们照明，洗衣机帮我们洗衣，电饭锅可以做饭，吸尘器能打扫卫生，电冰箱可以保存食物等等。所以说，电遍布我们生活的各个角落。

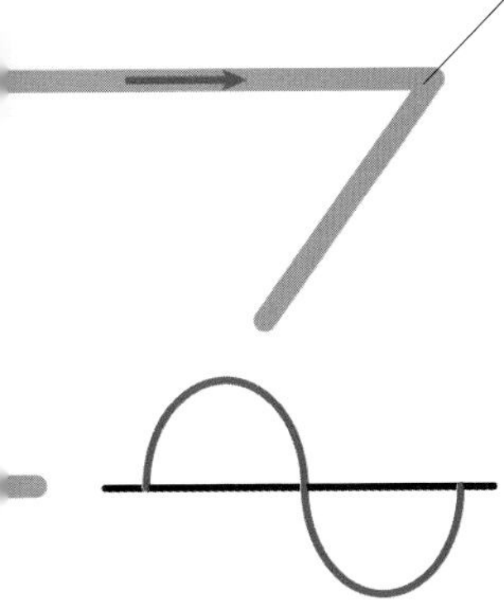

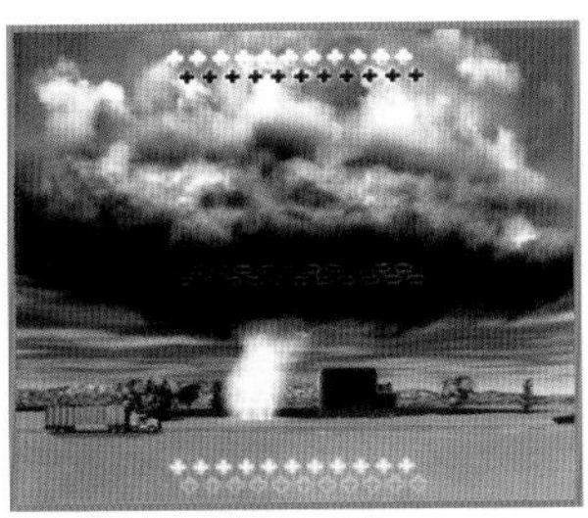
自然界中也存在电，闪电就是一种自然的放电现象。

水力发电示意图

发电厂发出的电由高压线路输送到用电单位。

yǐn qǐ diàn zǐ zài diàn lù zhōng yùn dòng cóng ér chǎn shēng diàn liú zhè yàng dǎo xiàn zhōng
引起电子在电路中运动，从而产生电流。这样，导线中

jiù huì yǒu diàn liú tōng guò fā diàn jī jiù néng fā chū diàn le
就会有电流通过，发电机就能发出电了。

wèi shén me yáng guāng yě néng dàng néng yuán

为什么阳光也能当能源?

tài yáng zào tài yáng néng rè shuǐ qì dōu shì lì yòng tài
太阳灶、太阳能热水器都是利用太
yáng guāng de néng liàng lái gōng zuò de kě shì wèi shén
阳光的能量来工作的。可是，为什
me tài yáng guāng yě néng chéng wéi néng yuán ne
么太阳光也能成为能源呢？

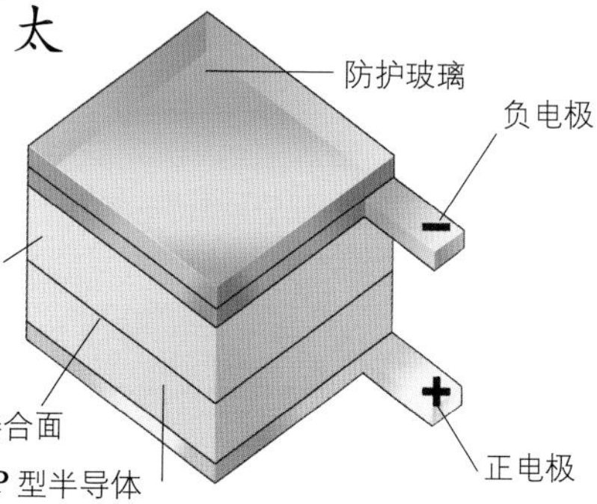

太阳能电池结构示意图

yuán lái tài yáng jiù xiàng yí gè chì rè de dà huǒ qiú
原来，太阳就像一个炽热的大火球，
tā de nèi bù bù tíng de jìn xíng zhe rè hé fǎn yìng néng
它的内部不停地进行着热核反应，能
shì fàng chū jù dà de néng liàng tài yáng zhào shè dào dì qiú biǎo miàn de guāng xiàn zhōng dài
释放出巨大的能量。太阳照射到地球表面的光线中带
yǒu jù dà de néng liàng zhè xiē néng liàng xiāng dāng yú
有巨大的能量，这些能量相当于
quán qiú suǒ xū zǒng néng liàng de wàn
全球所需总能量的4万
duō bèi ér qiě bú huì wū
多倍，而且不会污
rǎn huán jìng yīn cǐ tài
染环境。因此，太
yáng néng de kāi fā lì yòng
阳能的开发利用
shòu dào yuè lái yuè duō guó jiā
受到越来越多国家

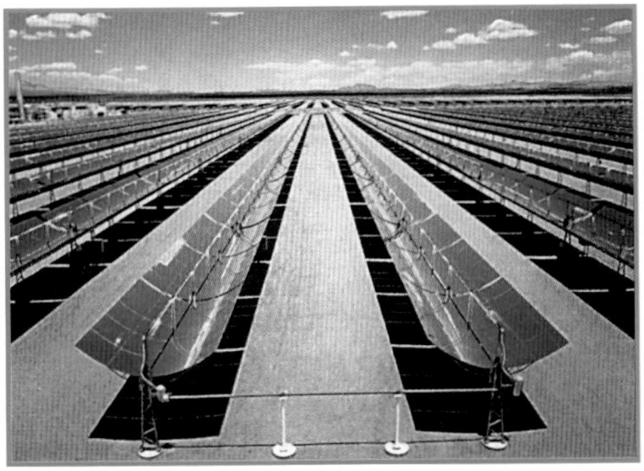

这是世界上最大的太阳能组合装置之一，它位于美国的加利福尼亚州。

许多居民楼上都安装了太阳能热水器。

de zhòng shì xiàn zài shì jiè gè guó zhèng zài jìng xiāng kāi fā gè zhǒng guāng diàn xīn jì shù
的重视。现在世界各国正在竞相开发各种光电新技术

hé guāng diàn xīn cái liào yǐ biàn shǐ tài yáng néng dé dào gèng guǎng fàn de lì yòng
和光电新材料，以便使太阳能得到更广泛的利用。

智慧小考官

太阳能都有哪些用途?

太阳能转换成可实际利用的能源的形式有太阳能发电、太阳能燃料和太阳能供热三种。目前，太阳能已经应用到了我们生产生活的各个领域，如建立太阳能发电站，将太阳能转化成电能；利用太阳能来提供生活热水、采暖、做饭等。

使用太阳能电池的无人灯塔
太阳能的好处还真多啊！

wèi shén me shuō fēng shì wú xíng méi tàn
为什么说风是“无形煤炭”？

垂直型风力发电机

fēng yùn hán zhe jù dà de néng liàng tā shì zuì zǎo bèi rén
风蕴含着巨大的能量，它是最早被人
lèi lì yòng de néng yuán zhī yī yǒu kē xué jiā jì suàn fēng zài
类利用的能源之一。有科学家计算，风在
yì nián nèi wèi wǒ men tí gōng de néng liàng xiāng dāng yú měi nián rán
一年内为我们提供的能量相当于每年燃
shāo méi tàn suǒ shì fàng de néng liàng de bèi yīn cǐ yǒu rén
烧煤炭所释放的能量的3000倍，因此，有人
bǎ fēng néng chēng wéi wú xíng méi tàn fēng néng de lì yòng fāng shì dà tǐ shang kě yǐ
把风能称为“无形煤炭”。风能的利用方式大体上可以

煤燃烧冒出的浓烟会污染环境，
而风能对环境没有污染。

智慧小考官

人们是怎样用风力进行发电的呢?

风力发电就是将风能转变为电能，让风为人类造福。安装在风力发电场的风力发电机带有很大的叶片,叶片在强风的吹动下旋转,又通过转动轴带动变速齿轮快速转动，从而带动发电机旋转,产生出电流。

在很久以前,人们就懂得利用风能推动风车进行灌溉。

在丹麦,人们将现代风车与供电的发电机连接起来。

风的形成示意图

分为两种：一种是将风能直接转变为机械能加以利用,比如帆船就是利用风能推动船体航行;另一种是先将风能转变为机械能，然后带动发电机产生电能，即风力发电。目前，风力发电已经被普遍运用到生产生活之中。

为什么霓虹灯是五颜六色的？

发现稀有气体的英国科学家拉姆齐

每到晚上，各种各样的霓虹灯就会发出美丽的光，把城市装点得五彩缤纷。那么霓虹灯为什么能发出各种美丽的光呢？原来，霓虹灯是利用惰性气体的放电作用来发光的。霓虹灯内填充的惰性气体不同，所发出的光的颜色也不同，例

智慧小考官

什么是惰性气体？

有些气体的熔点和沸点都很低，在通常情况下，不易与其他元素发生化合反应，人们把它们称为“惰性气体”。因为惰性气体在地壳中的含量很少，所以它们也被叫作稀有气体。惰性气体主要包括六种，按照原子量递增的顺序排列，分别是氦、氖、氩、氪、氙和氡。

利用氖气制成的航标灯

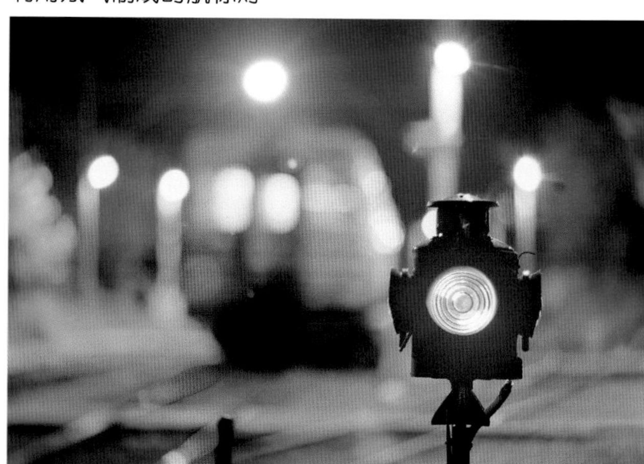

舞台上绚丽的灯光

如氖气发出的光是红色的，氩气发出的光是浅蓝色的……由于霓虹灯管中没有灯丝，因此可以将灯管弯曲成任何形状，使霓虹灯呈现出千变万化的艺术效果。

No.1

荧光灯和霓虹灯中都没有灯丝。

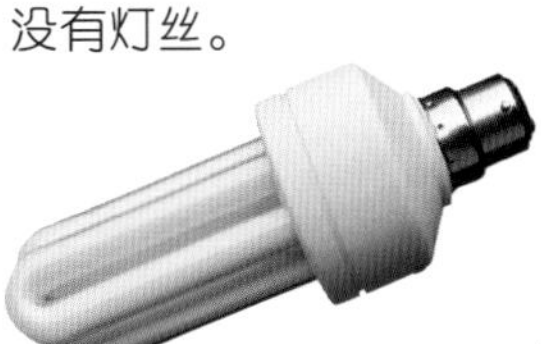

No.2

异彩纷呈的舞台灯光与霓虹灯光有异曲同工之处。

No.3

普通的灯泡用灯丝导电，而霓虹灯则用惰性气体导电。

为什么灭火器能扑灭大火？

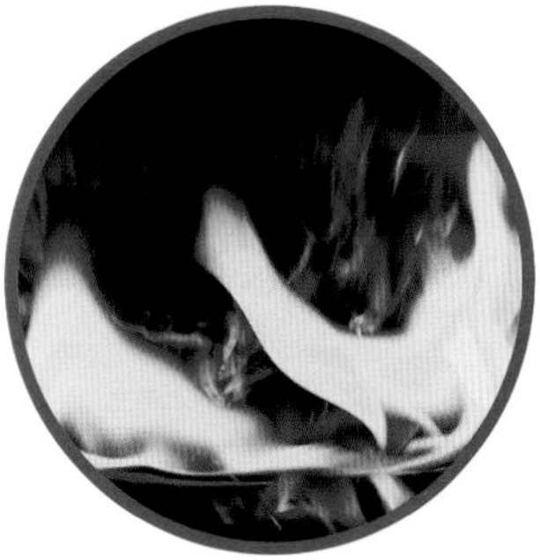

熊熊的火焰

在很多公共场所，我们经常可以看到一些灭火器，它们可以迅速扑灭熊熊的大火，这是为什么呢？我们知道，燃烧必须要有氧气，而灭火器正是利用了这个原理，通过阻断燃烧物体周围的氧气，从而达到灭火的目的。比如我们平时所见的泡沫灭火器，它能喷射出大量泡沫，这些泡沫通常可以膨胀到原来的八至六百倍大，能迅速地覆盖住物体的表面，阻隔空气，使

泡沫灭火器的灭火试验

粉末灭火器的灭火试验

强力液体灭火器的灭火试验

如果发生森林大火，就要动用专业的消防设施。

zhèng zài rán shāo de wù tǐ yīn
正在燃烧的物体因
wèi quē shǎo yǎng qì ér màn màn
为缺少氧气而慢慢
xī miè cóng ér dá dào miè huǒ de
熄灭，从而达到灭火的
mù dì
目的。

随地乱扔烟头，很容易引发火灾。

智慧小考官

怎样使用泡沫灭火器?

泡沫灭火器适宜于扑灭油类及一般物质燃烧造成的火灾。在使用时，要用手握住灭火器的提环，平稳、快捷地提往火场，注意不要横扛、横拿。灭火时，一手握住提环，另一手握住筒身的底边，将灭火器颠倒过来，喷嘴对准火源，用力摇晃几下，开启提环，就可以进行灭火了。

泡沫灭火原理示意图

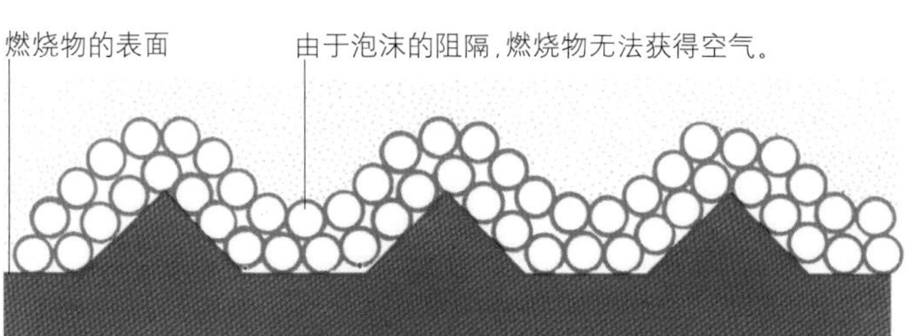

燃烧物的表面
由于泡沫的阻隔，燃烧物无法获得空气。

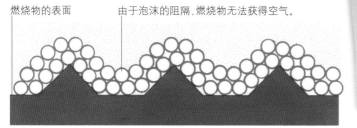

yān huā shì yòng shén me zhì chéng de
烟花是用什么制成的？

měi dào shèng dà jié rì shí duō zī duō cǎi de yān huā jiù huì zhuāng diǎn yè kōng
每到盛大节日时，多姿多彩的烟花就会装点夜空，
nǐ zhī dào yān huā wèi shén me zhè yàng xuàn lì ma yuán lái yān huā zhōng zhuāng yǒu gè
你知道烟花为什么这样绚丽吗？原来，烟花中装有各
zhǒng yào jì lì rú huǒ yào fā guāng jì hé fā sè jì děng yān huā zhī suǒ yǐ wǔ
种药剂，例如，火药、发光剂和发色剂等。烟花之所以五
cǎi bīn fēn zhǔ yào shì fā sè jì de gōng láo fā sè jì zhǔ yào shì yì xiē jīn shǔ
彩缤纷，主要是发色剂的功劳。发色剂主要是一些金属
yán lèi wù zhì tā men zài gāo wēn xià néng gòu
盐类物质，它们在高温下能够
fàng shè chū gè zhǒng yán sè de guāng máng
放射出各种颜色的光芒。
lì rú yǒu xiē jīn shǔ yán lèi huì fā
例如，有些金属盐类会发
chū huáng guāng yǒu de huì fā lǜ guāng yǒu
出黄光，有的会发绿光，有
de huì fā lán guāng děng
的会发蓝光等。

烟花被点燃后会迅速喷射出火光。

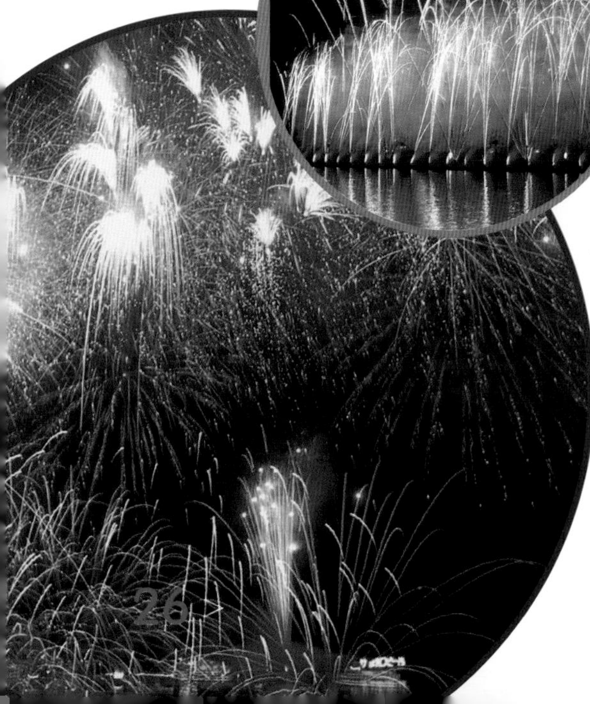
夜空中美丽绚烂的烟花

ā lā bó shù zì wèi hé néng tōng xíng shì jiè
阿拉伯数字为何能通行世界？

wǒ men zài xué xí hé shēng huó zhōng jīng cháng huì yù dào zhè xiē shù
我们在学习和生活中经常会遇到这些数
zì wǒ men chēng tā men wéi ā lā bó shù zì ā lā
字：0，1，2……我们称它们为阿拉伯数字。阿拉
bó shù zì zài quán shì jiè dōu shì tōng xíng de zhè shì wèi shén me ne
伯数字在全世界都是通行的，这是为什么呢？
yuán lái zhè zhǔ yào shì yīn wèi ā lā bó shù zì xiě qi lai jì jié shěng
原来，这主要是因为阿拉伯数字写起来既节省
shí jiān yòu jié shěng kōng jiān lìng wài ā lā bó
时间，又节省空间。另外，阿拉伯
shù zì cǎi yòng de shì shí jìn zhì jì shù fǎ jì suàn
数字采用的是十进制计数法，计算
qi lai fēi cháng fāng biàn suǒ yǐ bèi
起来非常方便，所以被
guǎng fàn shǐ yòng
广泛使用。

小学生正在用阿拉伯数字进行运算。

在各国的货币上都标有阿拉伯数字。

其实阿拉伯数字是印度人发明的，因阿拉伯人把它传播到了世界各地而得名。

天然水是怎样过滤的?

天然水中有很多矿物质，有利于人体的健康。

天然水中通常含有各种杂质，有时甚至还有细菌。那么，这样的水是怎么过滤成能喝的纯净水的呢？其处理过程主要分为沉淀、过滤和消毒三个程序。首先，将天然水引入沉淀池中，利

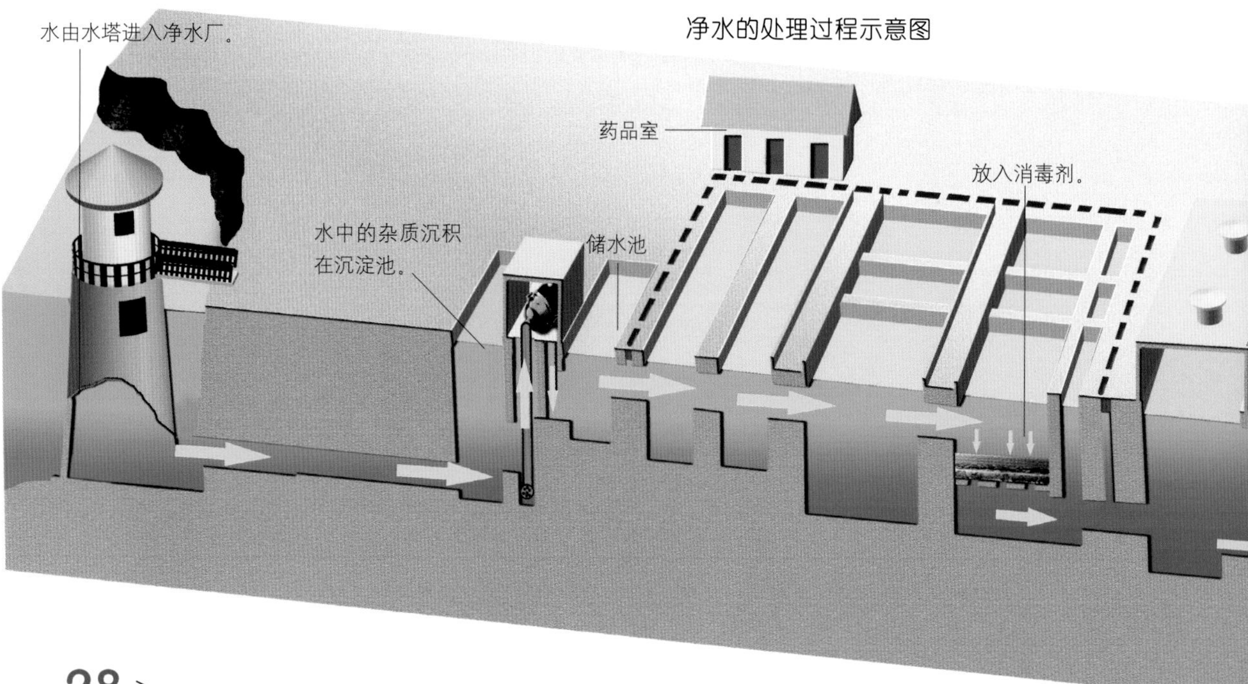
水由水塔进入净水厂。
药品室
放入消毒剂。
水中的杂质沉积在沉淀池。
储水池

净水的处理过程示意图

净化过的水可以供居民生活使用。

通过净化处理，天然水中的杂质及有害细菌被去除了。

智慧小考官

净水厂用什么作消毒剂？

氯气的化学性质极为活泼，它能够破坏水中微生物的蛋白质以及氨基酸酵母，从而使水质净化，因此，氯气是净水厂最普遍使用的消毒剂。但近年来，一些净水厂开始用二氧化氯来代替氯气作为消毒剂。

用凝集剂使水中的杂质沉淀，除去水中的混浊成分；然后，将水引入过滤池中，除去水中的细菌等有害物质；最后，放入消毒药剂，除去水中的杂质。经过这一系列消毒净化过程后，池中的水还要接受水质检验，待确定完全符合饮用水的标准后，才可以由自来水管输送到各家各户。

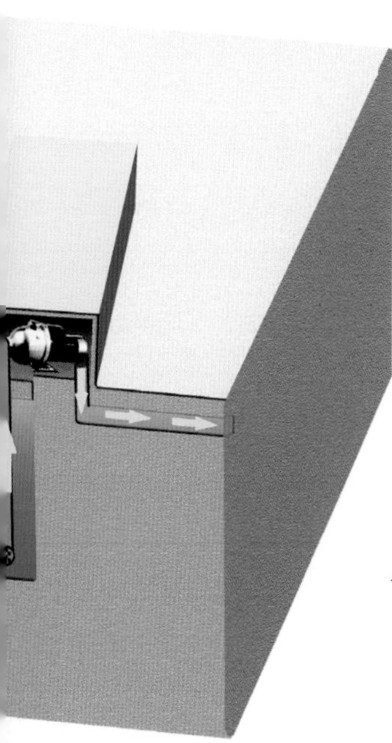

kōng tiáo wèi shén me néng ràng wū zi biàn liáng
空调为什么能让屋子变凉?

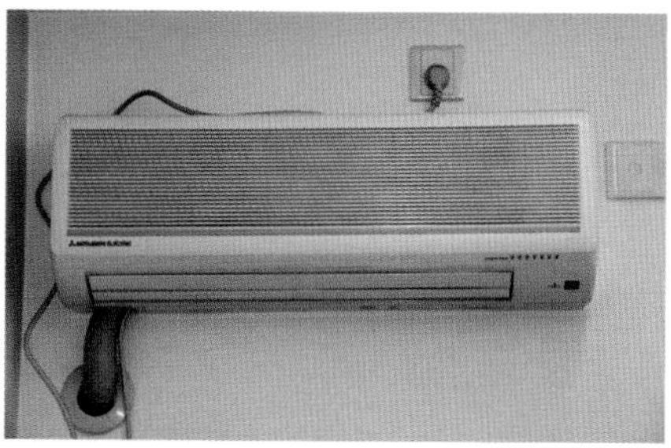
壁式空调

yán rè de xià tiān dào le wǒ men dǎ kāi
炎热的夏天到了,我们打开
kōng tiáo wū zi li jiù huì biàn de liáng kuai le
空调,屋子里就会变得凉快了,
zhè shì wèi shén me ne wǒ men shǐ yòng de kōng
这是为什么呢?我们使用的空
tiáo dōu shì yóu yā suō jī lěng níng qì gān zào
调都是由压缩机、冷凝器、干燥
guò lǜ qì jié liú máo xì guǎn yǐ jí zhēng fā qì děng zhuāng zhì zǔ chéng de kōng tiáo
过滤器、节流毛细管以及蒸发器等装置组成的。空调
gōng zuò shí yā suō jī jiāng zhì lěng jì yā suō hòu sòng rù lěng níng qì zhōng zhì lěng jì
工作时,压缩机将制冷剂压缩后送入冷凝器中,制冷剂
zài lěng níng qì zhōng sàn rè hòu biàn chéng yè tǐ jīng guò gān zào guò lǜ qì chú qù zá zhì
在冷凝器中散热后变成液体,经过干燥过滤器除去杂质
hé shuǐ fèn liú jìn jié liú máo xì guǎn rán hòu yòu liú jìn zhēng fā qì xùn sù zhēng fā
和水分,流进节流毛细管,然后又流进蒸发器,迅速蒸发
wéi qì tǐ sàn fā dào kōng qì zhōng zhè xiē qì tǐ dà liàng xī shōu zhōu wéi de rè liàng
为气体,散发到空气中。这些气体大量吸收周围的热量,

空调的清洗及保养

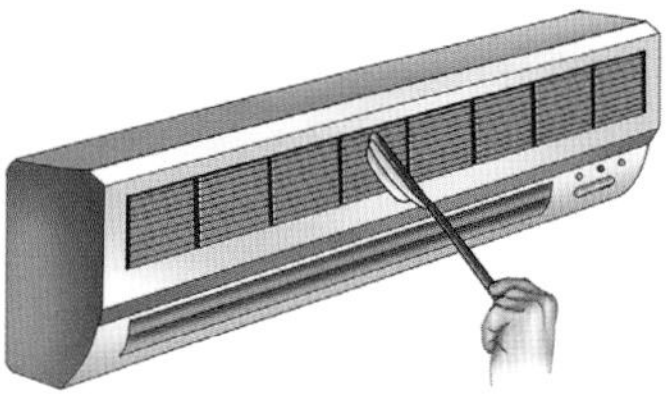
1. 刷去外部灰尘。

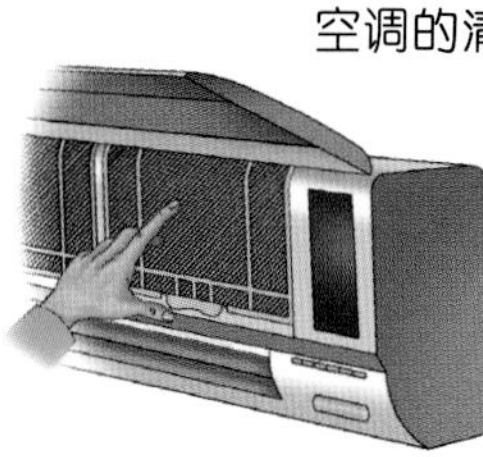
2. 摘下过滤网,洗净。

3. 重新安装过滤网。

4. 长期不用,用布盖好。

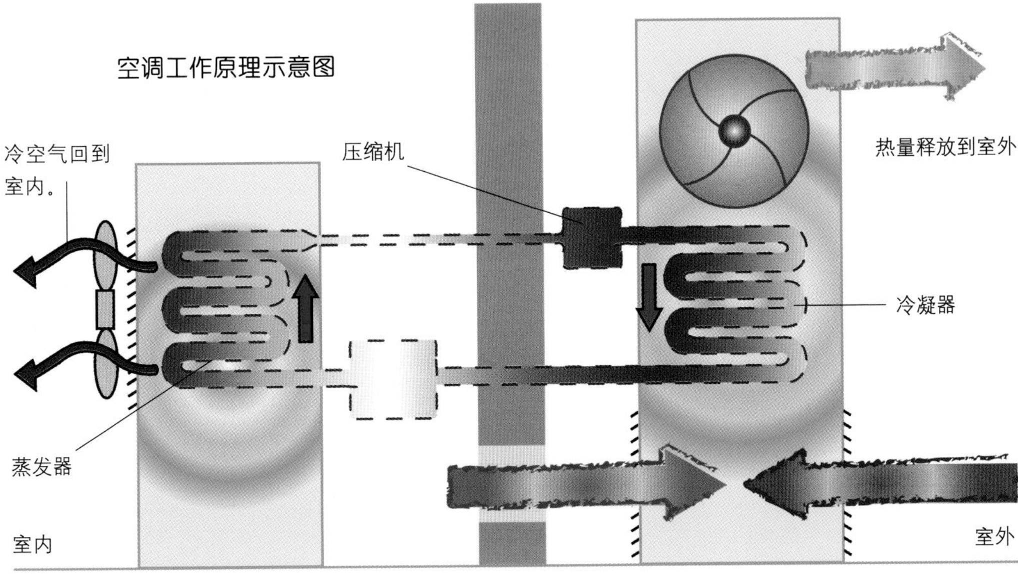

cóng ér qǐ dào jiàng wēn de zuò yòng cǐ hòu qì
从而起到降温的作用。此后，气

tǐ zhì lěng jì yòu jìn rù yā suō jī kāi shǐ le
体制冷剂又进入压缩机，开始了

xià yí gè zhì lěng guò chéng rú cǐ xún huán wǎng fù
下一个制冷过程，如此循环往复。

在炎热的夏季，空调让室内变得凉爽。

智慧小考官

空调主要有哪几种款式？

一般家庭空调机的款式有：窗式、挂壁分体式、柜式、天花式及吊顶式。根据房间的用途不同，人们可以选用不同款式的空调。一般睡房可以采用窗式和挂壁分体式，因为有新鲜的空气对流，会给人舒畅的感觉。饭厅、客厅也可以选用挂壁分体式、天花式、吊顶式或柜式。

diàn huà wèi shén me néng chuán dì shēng yīn
电话为什么能传递声音?

nǐ zhī dào diàn huà shì zěn yàng chuán dì shēng yīn de ma
你知道电话是怎样传递声音的吗?

yuán lái diàn huà de huà tǒng li yǒu yì zhǒng tán xìng de jīn shǔ piàn tā kě yǐ suí zhe shēng yīn de gāo dī zhèn dòng jiāng shēng yīn zhuǎn huà chéng diàn bō xìn hào diàn bō xìn hào zài tōng guò cháng cháng de diàn huà xiàn chuán chu qu dāng zhè ge diàn bō xìn hào chuán dào duì fāng de diàn huà jī shí huì zài cì shǐ duì fāng diàn huà zhōng de jīn shǔ piàn zhèn dòng bìng jiāng zhèn dòng zhuǎn huà chéng shēng yīn shēng yīn jiù shì zhè yàng tōng guò diàn huà chuán dì de
原来,电话的话筒里有一种弹性的金属片,它可以随着声音的高低振动,将声音转化成电波信号,电波信号再通过长长的电话线传出去。当这个电波信号传到对方的电话机时,会再次使对方电话中的金属片振动,并将振动转化成声音。声音就是这样通过电话传递的。

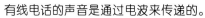

有线电话的声音是通过电波来传递的。

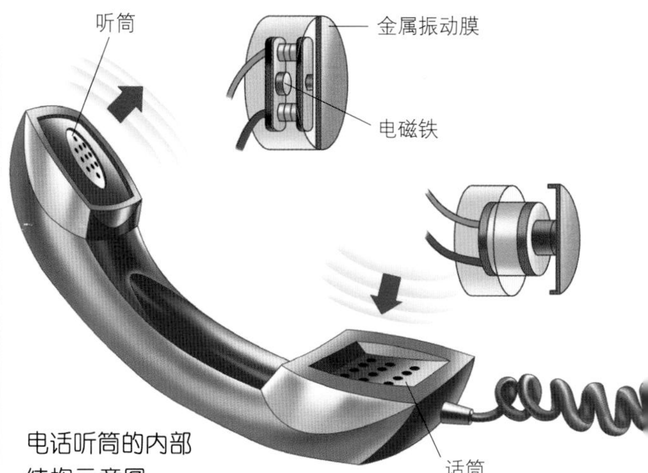

电话听筒的内部结构示意图

shǒu jī shì zěn yàng chuán dì shēng yīn de
手机是怎样传递声音的？

shǒu jī shì méi yǒu diàn huà xiàn de nà me
手机是没有电话线的，那么
tā shì zěn yàng lái chuán dì shēng yīn de ne yuán
它是怎样来传递声音的呢？原
lái shǒu jī de shēng yīn xìn hào shì tōng guò wú
来，手机的声音信号是通过无
xiàn diàn bō chuán sòng de wú xiàn diàn bō fù gài
线电波传送的。无线电波覆盖
zhe xǔ duō qū yù měi gè qū yù dōu shè yǒu
着许多区域，每个区域都设有
yí gè jī dì zhàn nà lǐ jiàn lì le dìng xiàng
一个基地站，那里建立了定向
tiān xiàn hé dú lì de kòng zhì xì tǒng měi gè
天线和独立的控制系统。每个
jī dì zhàn dōu yǒu sān tiáo
基地站都有三条
shàn xíng de tiān xiàn tōng guò
扇形的天线，通过
tā men shǒu jī jiù kě yǐ
它们，手机就可以
jiē shōu hé chuán dì wú xiàn
接收和传递无线
diàn xìn hào le
电信号了。

手机靠无线电波传送声音信号，大大方便了人们之间的联系。

在现代社会，手机已经发展成重要的通信工具。

电视机为什么能播放节目？

现今，电视机已成为每个家庭不可缺少的电器，它为我们的业余生活增添了许多乐趣。电视机能收到很多个不同的频道，使我们看到许多不同的节目，这是为什么呢？原来，电视机里面有一个摄像管，它可以把电

早期的电视机

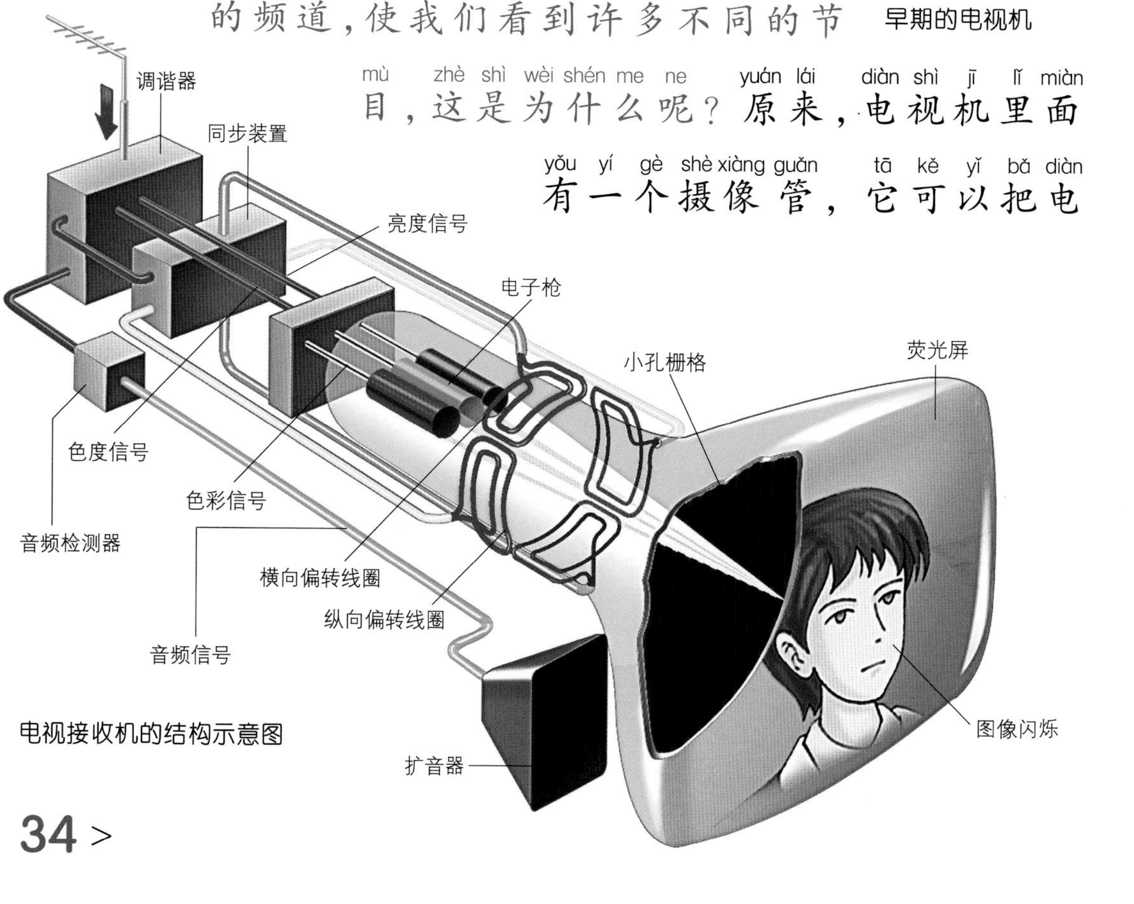

电视接收机的结构示意图

shì tái fā shè chū de xìn
视台发射出的信
hào zhuǎn biàn chéng shēng yīn
号转变成声音
xìn hào hé guāng xìn hào
信号和光信号，
zài chuán sòng dào jī qì lǐ
再传送到机器里
miàn de xiǎn xiàng guǎn xiǎn xiàng guǎn jù yǒu guāng diàn
面的显像管。显像管具有光电
xiào yìng kě yǐ bǎ jiē shōu dào de xìn hào zhuǎn biàn
效应，可以把接收到的信号转变
chéng duì yìng de guāng tú xiàng zài tōng guò xiǎn shì píng
成对应的光图像，再通过显示屏
xiǎn shì chu lai zhè yàng wǒ men jiù néng kàn
显示出来，这样我们就能看
dào diàn shì jié mù le
到电视节目了。

我们可以通过遥控器随意转换电视频道，收看喜欢的节目。

智慧小考官

打开电视机时，为什么先听见声音后看见图像呢？

这是因为图像要等显像管加热后才能出现，而扬声器只要一接通电源就能发出声音了，所以当我们打开电视机时总是先听到声音，后看到图像。

看电视的时间
可不要太长哟。

No.1
液晶电视机

No.2
现在的彩色电视机画面质量高，非常清晰。

声音是怎么被存储下来的？

声音到底是怎么被录下来的呢？人们以前所用的方法是模拟录音，就是利用麦克风把声音转化成音频电流，这个电流进入录音磁头的线圈中以后，磁头的缝隙处会产生随音频电流变化的磁场。磁带紧贴着磁头缝隙移动，磁带上的磁粉层被磁化，这样，磁带就记录下声音的磁信号了。

留声机是爱迪生在改进电报机的过程中发明的。

数字录音原理示意图

xiàn zài rén men fā míng le shù zì lù yīn jí bǎ
现在，人们发明了数字录音，即把
shēng bō zhuǎn huàn chéng shù zì xìn xī zài bō
声波转换成数字信息再播
fàng chu lai zhè shì yì zhǒng gèng kuài
放出来，这是一种更快
jié de lù yīn fāng shì
捷的录音方式。

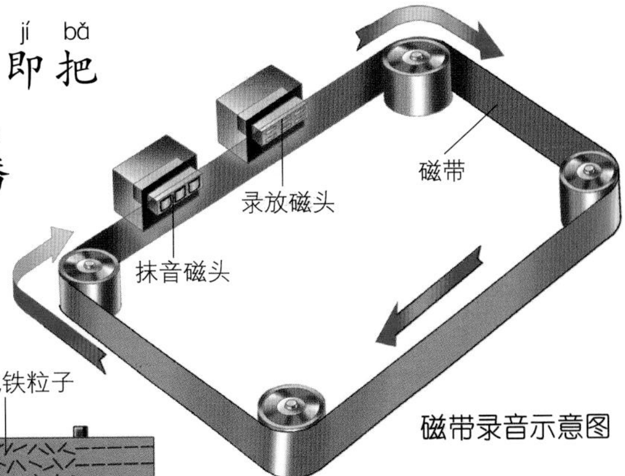

磁带录音示意图

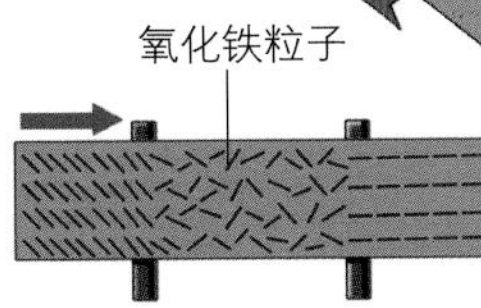

No.1
老式唱机

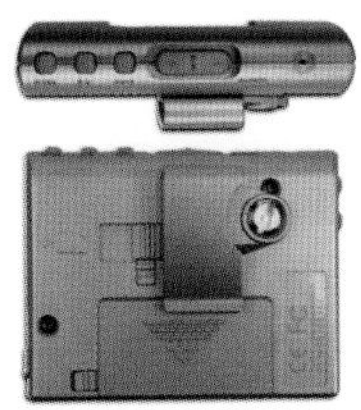
No.2
MP3 能像录音机一样播放音乐。

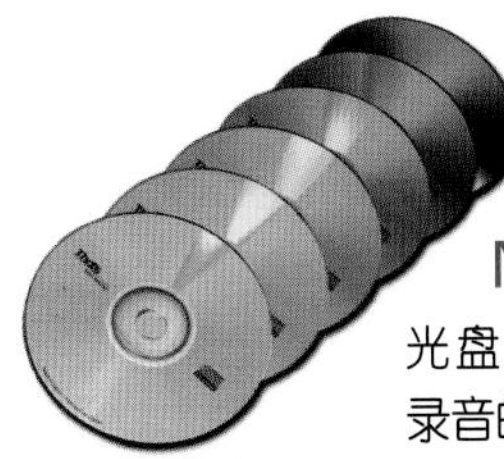
No.3
光盘是数字录音的介质。

智慧小考官

什么是数码录音笔？

数码录音笔是数字录音器的一种，它的造型很像钢笔，携带方便，同时拥有多种功能，如激光笔功能、MP3 播放功能等。与传统录音机相比，数码录音笔是通过数字存储的方式来记录音频的。由于它使用了闪存，再加上超大规模的集成电路的内核系统，因此又轻又小。

shù mǎ xiàng jī shì zěn me pāi zhào de
数码相机是怎么拍照的?

数码相机在我们生活中的应用已经非常普遍。

shù mǎ xiàng jī shì yì zhǒng xīn shì de shè yǐng qì cái
数码相机是一种新式的摄影器材，
tā de qí tè zhī chù jiù shì bù shǐ yòng jiāo juǎn yě néng pāi
它的奇特之处就是不使用胶卷也能拍
chū zhào piàn lai nà tā shì zěn me gōng zuò de ne yuán
出照片来。那它是怎么工作的呢？原
lái shù mǎ xiàng jī li zhuāng zhe yí gè yòng bàn dǎo tǐ zhì chéng
来，数码相机里装着一个用半导体制成

数码相机的结构

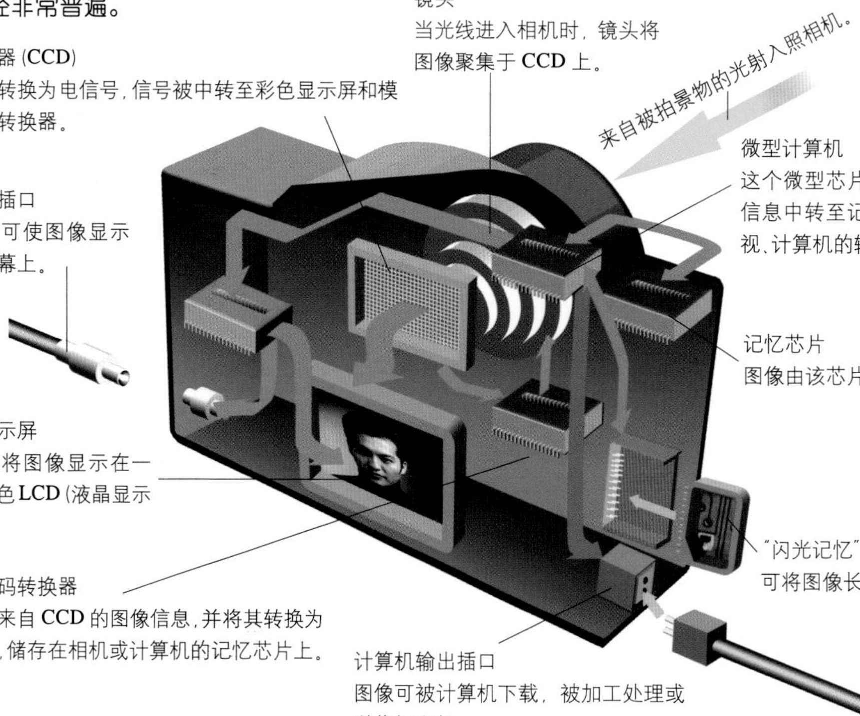

镜头
当光线进入相机时，镜头将图像聚集于 CCD 上。
来自被拍景物的光射入照相机。
电荷耦合器(CCD)
可以将光转换为电信号，信号被中转至彩色显示屏和模拟—数码转换器。
微型计算机
这个微型芯片将数码图像信息中转至记忆芯片和电视、计算机的输出插口上。
电视输出插口
连接电缆可使图像显示在电视屏幕上。
记忆芯片
图像由该芯片暂时贮存。
取景器显示屏
数码相机将图像显示在一个小型彩色 LCD(液晶显示屏)上。
"闪光记忆"卡
可将图像长期储存。
模拟—数码转换器
用以识别来自 CCD 的图像信息，并将其转换为数码形式，储存在相机或计算机的记忆芯片上。
计算机输出插口
图像可被计算机下载，被加工处理或送往打印机。

用数码相机拍摄的照片可以通过数据传输，直接在电脑上显示出来。

智慧小考官

数码相机能修改原始图像吗?

当然可以，数码相机可以通过电脑对影像进行色彩、光度、轮廓的修补，达到与原始图像完全不同的效果。

的电子影像检测器。这个检测器能够直接把景物反射光线转变为数码信号，然后进行进一步的处理，最后把真实的影像显现在数码相机小小的屏幕上，这时我们就可以看到一张完整的数码相片了。由于景物的影像已经变成数码信息，因此数码相机还可以直接与电脑连通，把图像传到电脑上，这样我们就能看到大的图像了。

wǎng luò yǒu shén me chāo jí běn lǐng
网络有什么超级本领？

“网上冲浪”已成为一种时尚。

rén men jīng cháng shuō shàng wǎng zhè ge wǎng
人们经常说“上网”，这个“网”
zhǐ de jiù shì jì suàn jī wǎng luò tā yě bèi chēng
指的就是计算机网络，它也被称
wéi yīn tè wǎng huò zhě hù lián wǎng hù lián
为“因特网”或者“互联网”。互联
wǎng bǎ yí gè qū yù shèn zhì shì jiè gè dì de diàn
网把一个区域甚至世界各地的电
nǎo dōu lián xì zài yì qǐ xíng chéng yí gè diàn nǎo
脑都联系在一起，形成一个电脑
wǎng luò wèi rén men de shēng huó xué xí
网络，为人们的生活、学习
hé gōng zuò dōu dài lái hěn duō
和工作都带来很多
biàn lì rén men kě yǐ tōng
便利。人们可以通
guò hù lián wǎng hù xiāng jiāo
过互联网互相交
liú xìn xī kě yǐ jìn rù wǎng
流信息；可以进入网
shàng kè táng ér bú bì zài pǎo
上课堂，而不必再跑
dào xué xiào qù shàng kè rén men
到学校去上课；人们

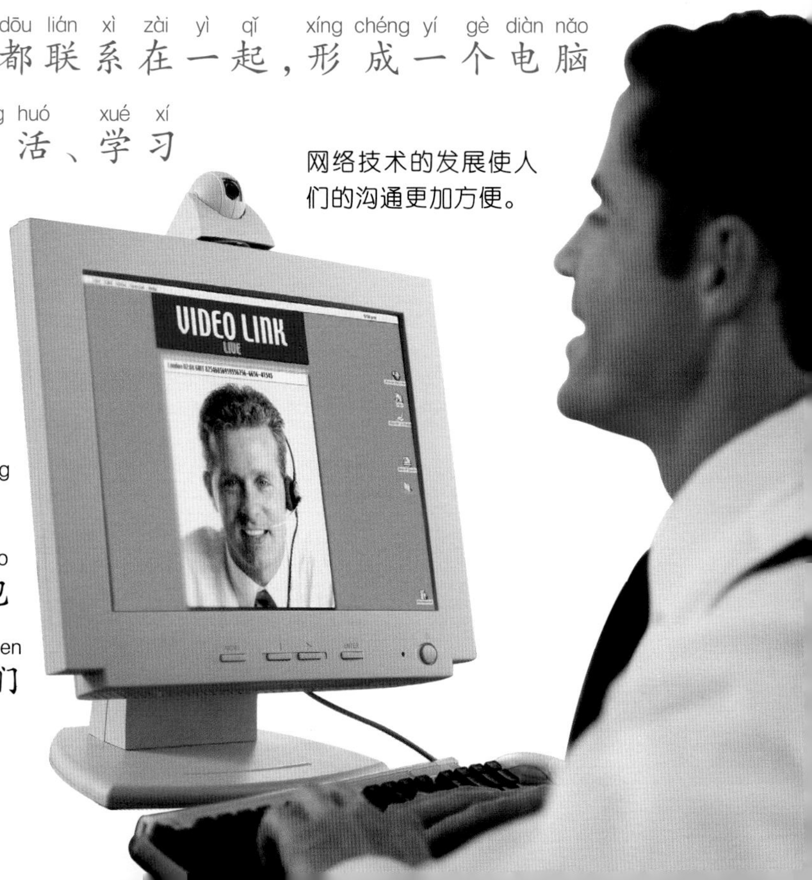

网络技术的发展使人们的沟通更加方便。

智慧小考官

宽带上网与拨号上网相比有什么优势？

利用宽带上网不仅比普通的拨号上网速度快得多，而且可以24小时连接在网上。宽带不仅有普通的网页浏览、收发电子邮件等功能，而且还可以传递语音、图像等大量信息，实现视频点播、网络电话、远程教育等功能。

通过网上购物，还可以省去逛商场的麻烦；网络会议还可以使办公更加方便快捷……目前，网络已经广泛地应用到各个领域。网络的发展为人们开拓了一个新的空间，它已经成为人们日常生活中不可缺少的一部分。人类进入了一个全新的网络时代。

登录网上课堂就可以在自己家里学习了。

因特网利用通信线路，将分布在世界各地的计算机联系起来。

人们可以在互联网上搜索资料、收发电子邮件。

为什么电脑也会感染病毒？

我们总听说电脑感染病毒了，难道是它生病了吗？其实，电脑病毒和生物病毒并不一样，它实际上是某些人故意编制的一种具有破坏力的可执行程序。电脑一旦运行了这种程序，就会受到这些程序的干扰，也就是“中毒”了。中毒轻的时候，电脑屏幕上会出现一些不正常的图像和文字；中毒深的时候，电脑就不能工作了，大量的重要数据或文件会丢失，造成不可估量的损失。电脑病毒主要是通过使

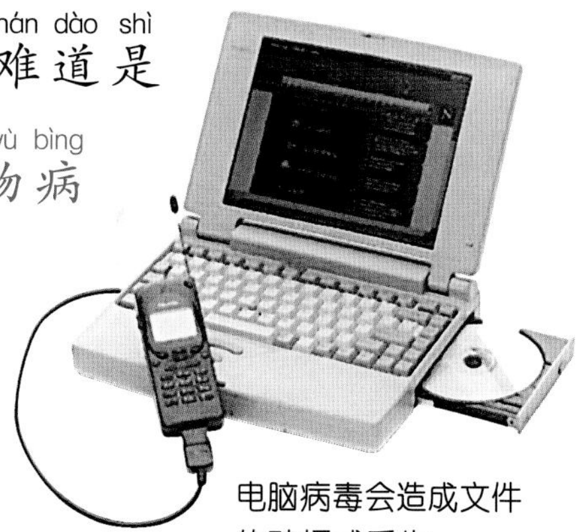

电脑病毒会造成文件的破坏或丢失。

网吧里的电脑经常会遭到病毒的袭击。

电脑病毒给人们带来的损失有时候是难以估量的。

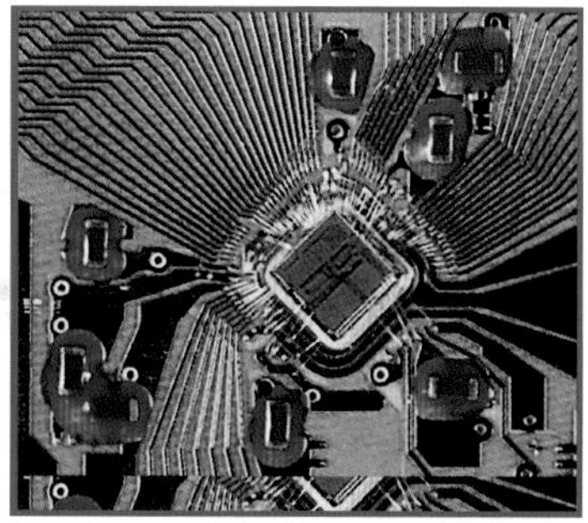

传统的电脑病毒可以通过磁盘或其他存储工具进行传播。

在享受网络给我们带来的便利时，也应警惕电脑病毒的侵扰。

yòng bèi gǎn rǎn bìng dú de ruǎn pán rú yóu xì pán huò yìng pán chuán bō de lìng wài
用被感染病毒的软盘（如游戏盘）或硬盘传播的。另外，
tōng guò wǎng luò yě kě yǐ chuán bō bìng dú bìng qiě wǎng luò chuán bō bìng dú de sù dù bǐ
通过网络也可以传播病毒，并且网络传播病毒的速度比
qí tā fāng shì yào kuài de duō
其他方式要快得多。

可以利用杀毒软件清除电脑中的病毒。

智慧小考官

电脑受到病毒感染后，通常会表现出哪些症状？

电脑中毒后，经常会出现：机器不能正常启动，或者需要很长时间才能启动；突然黑屏；运行速度降低，读取数据的时间比原来长，存、调文件时间也都增长；磁盘空间迅速变小；文件内容和长度改变，或者出现乱码；突然“死机”等现象。

为什么眼睛能进行身份识别？

以前，人们都是通过扫描指纹来识别一个人的身份的。你知道吗？有一种技术比指纹识别技术还要准确1000倍呢，它就是虹膜扫描辨识技术。虹膜是环绕在眼睛周围的有色彩的部分。使用虹膜扫描辨识技术时，要先花两分钟时

由于虹膜比指纹的隐蔽性更好，所以其身份防伪效果比指纹识别还要好。

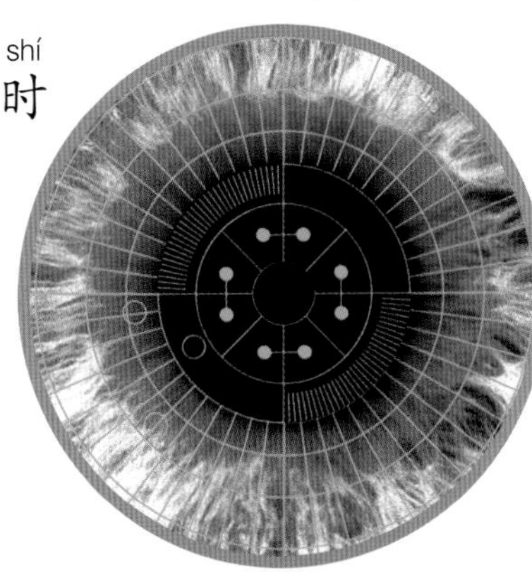

电脑处理的虹膜扫描图片

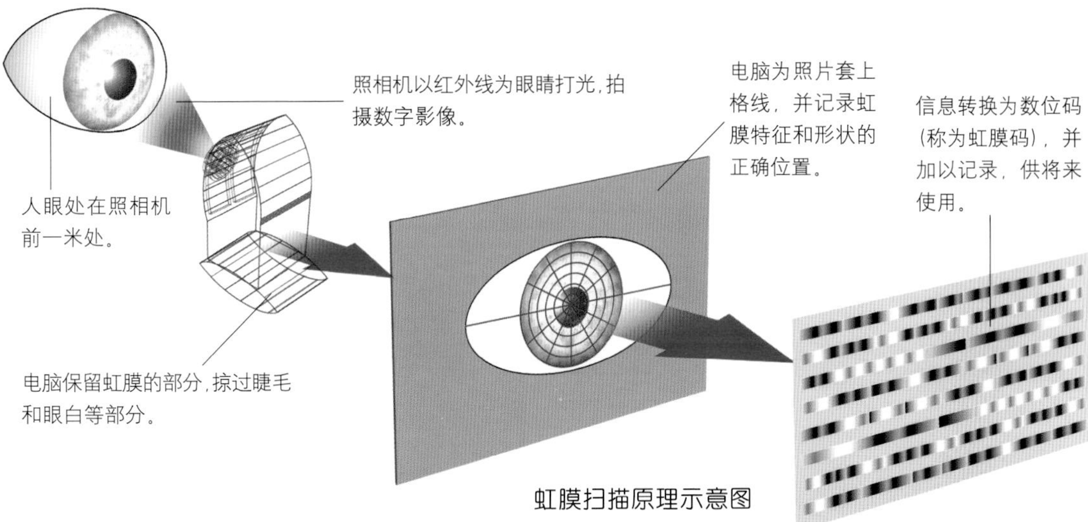

照相机以红外线为眼睛打光，拍摄数字影像。
人眼处在照相机前一米处。
电脑保留虹膜的部分，掠过睫毛和眼白等部分。
电脑为照片套上格线，并记录虹膜特征和形状的正确位置。
信息转换为数位码（称为虹膜码），并加以记录，供将来使用。

虹膜扫描原理示意图

间为眼睛照相，再将照片转换成虹膜码，储存在资料库中。等到被记录的人再次通过这套系统时，电脑就会再次扫描他的虹膜，搜寻并比对虹膜资料库，两秒钟内电脑就可以完成比对，从而成功地辨识这个人的身份。

警察利用各种辨识技术抓捕罪犯。

智慧小考官

除了虹膜扫描辨识技术，还有其他的身份识别技术吗？

现在人们还发明了声音识别技术、掌纹识别技术、掌背静脉血管分布识别技术、面相识别技术和气味识别技术等，它们逐渐成为现代身份识别的重要手段，并得到了广泛的应用。

shāng pǐn wèi shén me yào yòng tiáo xíng mǎ
商品为什么要用条形码？

条形码由短线、空白和数字等组成。

qù chāo shì mǎi dōng xi de shí hou, wǒ men huì fā xiàn, měi yì zhǒng shāng pǐn de bāo zhuāng dài shang dōu yǒu yì zǔ kuān dù bù tóng de hēi sè duǎn xiàn, duǎn xiàn xià miàn hái yǒu yì zǔ shù zì。zhè xiē hēi xiàn hé shù zì jiù gòu chéng le tiáo xíng mǎ。tiáo xíng mǎ duì yìng jì lù le chǎn pǐn de biān hào、shēng chǎn chǎng jiā、jià gé děng nèi róng。

去超市买东西的时候，我们会发现，每一种商品的包装袋上都有一组宽度不同的黑色短线，短线下面还有一组数字。这些黑线和数字就构成了条形码。条形码对应记录了产品的编号、生产厂家、价格等内容。

shòu huò yuán zài jié zhàng shí, zhǐ xū yòng tiáo mǎ jī sǎo miáo yí xià zhè xiē tiáo xíng mǎ, shōu yín jī jiù néng xiǎn shì chū shāng pǐn de míng chēng、dān jià、shù liàng、jīn é le。zhè yàng, shòu huò yuán jiù néng jié zhàng, bìng jiāng gù kè suǒ gòu shāng pǐn de xìn xī dǎ yìn

售货员在结账时，只需用条码机扫描一下这些条形码，收银机就能显示出商品的名称、单价、数量、金额了。这样，售货员就能结账，并将顾客所购商品的信息打印

超市里的商品都贴有条形码。

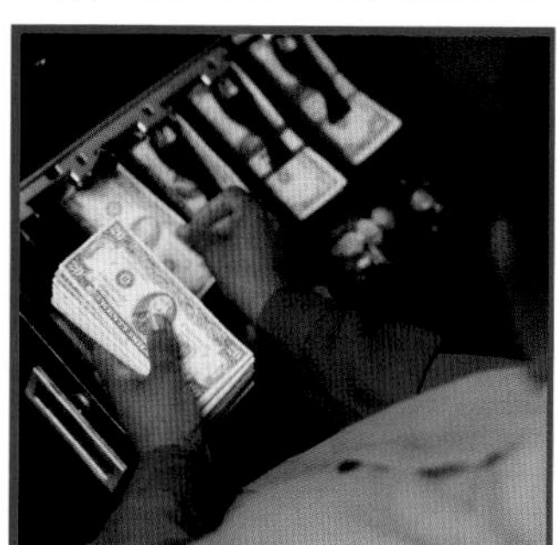
收银员根据条形码信息来结账。

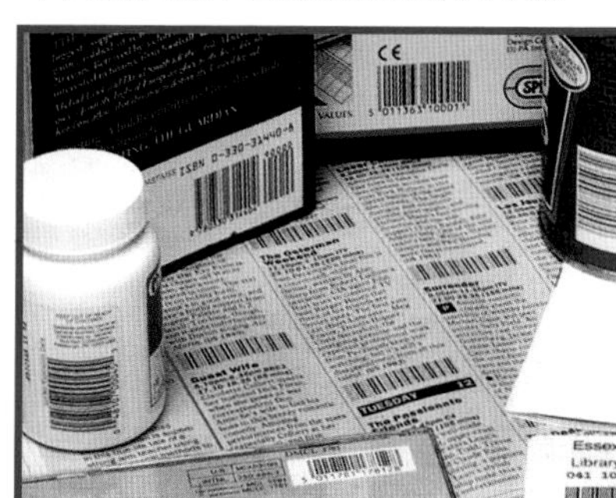
不同的商品，它们的条形码不同。

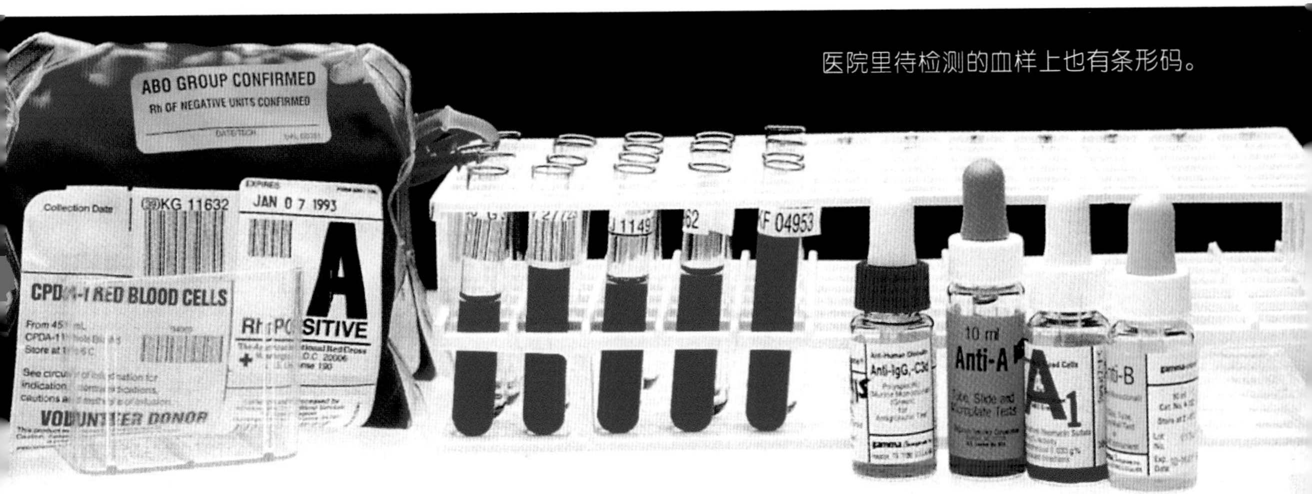

医院里待检测的血样上也有条形码。

chéng xiāo shòu xiǎo piào jiāo gěi gù kè zuò wéi jié zhàng de píng zhèng tiáo xíng mǎ shì yì
成销售小票，交给顾客作为结账的凭证。条形码是一
zhǒng jīng jì shí yòng de zì dòng shí bié jì shù wèi wǒ men de shēng huó dài lái le fāng biàn
种经济、实用的自动识别技术，为我们的生活带来了方便。

智慧小考官

为什么超市出口的警报器有时会发出尖叫？

超市出口的警报器会发出尖叫，是因为它检测到你所携带的商品没有经过条形码机扫描，所以会发出警告声，来提醒你要重新去扫条形码，重新结账。有时你的包里放有从图书馆借来的书，书上的条形码也会引起警报器的尖叫。

大部分商品上都有属于自己的条形码。

wèi shén me yòng yín háng kǎ néng tí qǔ xiàn jīn
为什么用银行卡能提取现金？

jiǎ rú wǒ men xū yào qǔ qián, kě shì yín háng yǐ
假如我们需要取钱，可是银行已
jīng xià bān le, zhè gāi zěn me bàn ne? bú yòng zháo
经下班了，这该怎么办呢？不用着
jí, zhǐ yào yòng yín háng kǎ zài zì dòng qǔ kuǎn jī shang
急，只要用银行卡在自动取款机上
cāo zuò jǐ xià, jiù kě yǐ tí qǔ xiàn jīn le, zhè yàng jì fāng biàn yòu ān quán。yuán
操作几下，就可以提取现金了，这样既方便又安全。原
lái, yín háng de diàn nǎo shang cún yǒu wǒ men chǔ xù de xiāng guān xìn xī, ér zì dòng
来，银行的电脑上存有我们储蓄的相关信息，而自动
qǔ kuǎn jī shang de diàn nǎo tóng yín háng de diàn nǎo shì lián zài yì qǐ de, suǒ yǐ, zhǐ
取款机上的电脑同银行的电脑是连在一起的，所以，只

银行卡

智慧小考官

信用卡是什么东西？

信用卡是银行发给单位和个人的一种特制卡片，它是一种“信用凭证”，也是银行卡的一种。发行、推广信用卡可以减少现金的流通量，不但极大地节省了设计、印制、运输、储存和清点现金而消耗的人力、物力和财力，而且还很快捷、安全。

银行卡使人们取钱变得更加便捷。

使用银行卡可随时在自动提款机上提款。

用银行卡来提款，很受人们的欢迎。

从自动取款机上提款，操作非常简单。

yào wǒ men chā rù yín háng kǎ， shū rù mì mǎ， qǔ kuǎn
要我们插入银行卡，输入密码，取款
jī de diàn nǎo jiù huì xùn sù de hé duì xiāng guān xìn xī。
机的电脑就会迅速地核对相关信息。
rú guǒ zhàng hù、mì mǎ xiāng fú， qǔ kuǎn jī jiù huì àn zhào
如果账户、密码相符，取款机就会按照
wǒ men shū rù de zhǐ lìng， bǎ wǒ men suǒ xū yào de qián tǔ chu lai。
我们输入的指令，把我们所需要的钱吐出来。
dāng rán， nǐ yào tí qǔ de qián shù bù néng chāo guò nǐ zhàng hù li de
当然，你要提取的钱数不能超过你账户里的
yú é。 xiàn zài， yín háng kǎ yǐ jīng zài
余额。现在，银行卡已经在
quán shì jiè dé dào le pǔ biàn tuī guǎng，
全世界得到了普遍推广，
tā yǐ jīng bèi yuè lái yuè duō de rén
它已经被越来越多的人
men suǒ jiē shòu hé shǐ yòng。
们所接受和使用。

各种各样的银行卡

机器人为什么有超级本领？

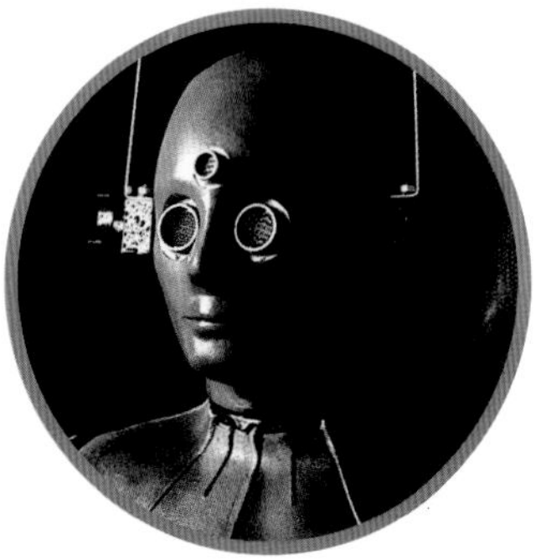

能耐高温的机器人

机器人是一种具备与人或生物相似的智能，可以代替人做某些工作的自动化机器，比如，它可以在1300℃的高温下工作。机器人怎么会有这么大的本领呢？原来，它有一个智能的“大脑”——电脑。所有机器人都是由电脑来控制的，电脑向机器人的各个关节发出指令，指示它行动的方向和距离。机器

会跳舞的机器人

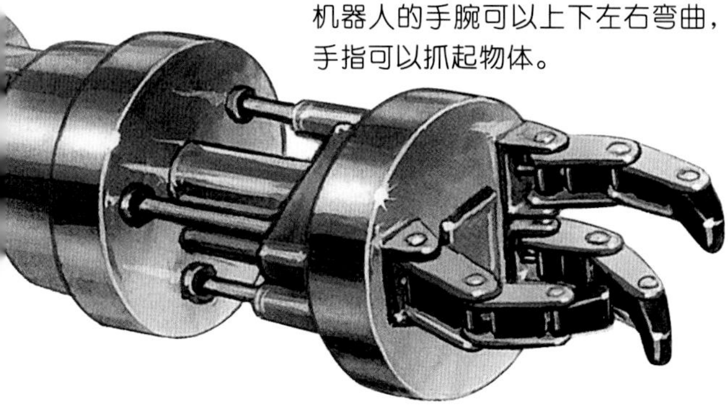

机器人的手腕可以上下左右弯曲，手指可以抓起物体。

智慧小考官

为什么机器人能看见东西?

其实，机器人的“眼睛”是一台摄像机，而“大脑”是一台计算机。机器人在“看东西”时，先用摄像机把物体拍摄下来，然后把图像转换成信号传送给计算机，这样，计算机就可以对图像进行识别了。

rén de guān jié nèi zhuāng yǒu tàn cè qì kě yǐ yòng
人的关节内装有探测器，可以用
lái jiǎn chá qí xíng wéi shì fǒu zhèng què yīn cǐ
来检查其行为是否正确。因此，
jī qì rén de dòng zuò dōu fēi cháng jīng què ér qiě tā
机器人的动作都非常精确。而且它
men hái jù yǒu sù dù kuài bù zhī pí juàn nài rè nài hán
们还具有速度快、不知疲倦、耐热耐寒
de tè diǎn néng zài gè zhǒng huán jìng xià gōng zuò
的特点，能在各种环境下工作。

机器人导购员

机器人可与人进行交流。

正在焊接汽车框架的机器人

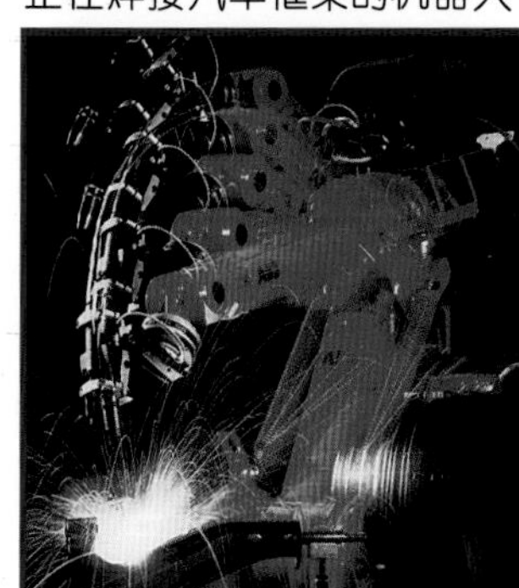

为什么人造卫星能进行地面定位？

人造卫星是一种在地球外部空间运行的航天器。有的卫星在距离地球表面几千千米的高空围着地球旋转，却能知道我们在地球上的具体位置。这是为什么呢？原来，这是全球卫星定位系统(GPS)在发挥作用，它由平均分布在地球上空的24颗人造卫星（导航卫星）等

GPS可对海、陆、空进行全方位导航与定位。

智慧小考官

你知道什么是GPS吗？

GPS是“全球卫星定位系统”的英文缩写，GPS主要是利用地球上空环绕的卫星，为地面上的使用者测定出精确的方位。通过GPS接收器，人们可以确定目标的经度、纬度，如果物体是移动的，人们还可以掌握它运动的方位角和运动速度等信息。

现在的一些汽车上装有GPS。

GPS 手持机

组成。导航卫星能通过各种探测仪器探测到地球上的状况，然后将探测到的信息以无线电信号的方式传送给地面接收系统——卫星导航接收器。然后，人们就可以通过接收到的信号准确判断出自己所在的位置和所处的高度了。

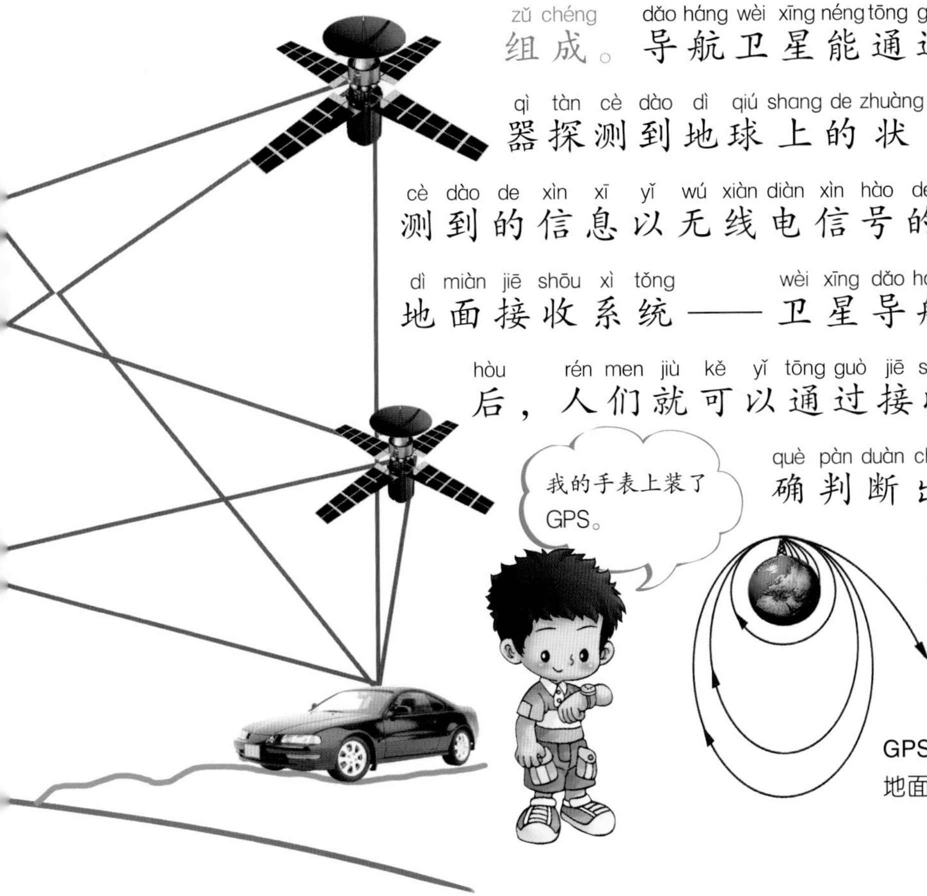

GPS由三部分组成：空间部分、地面控制部分和用户部分。

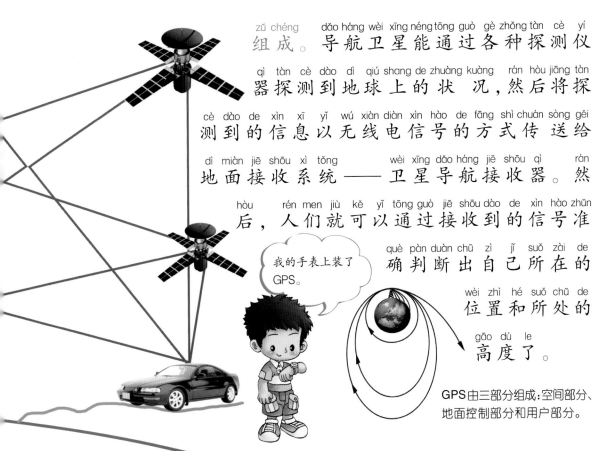

wú xiàn tōng xìn néng fù gài quán qiú ma
无线通信能覆盖全球吗？

wèi xīng jiā zú zhōng bù jǐn yǒu néng gòu bāng zhù rén men jìn xíng quán qiú dìng wèi de dǎo
卫星家族中不仅有能够帮助人们进行全球定位的导
háng wèi xīng hái yǒu néng bāng zhù rén men jìn xíng tōng xìn de tōng xìn wèi xīng tōng xìn wèi
航卫星，还有能帮助人们进行通信的通信卫星。通信卫
xīng shang zhuāng yǒu yì zhǒng jiào zuò zhuǎn pín qì de diàn zǐ zhuāng zhì tā néng gòu qiáng huà wú
星上装有一种叫作转频器的电子装置，它能够强化无
xiàn diàn xìn hào ér qiě néng gòu tōng guò fā shè tiān xiàn yǐn dǎo xìn hào bǎ xìn hào fǎn shè
线电信号，而且能够通过发射天线引导信号，把信号反射
huò zhuǎn fā dào zhǐ dìng de dì miàn jiē shōu zhàn jí qí tā mù dì dì rú guǒ yǒu xū
或转发到指定的地面接收站及其他目的地。如果有需
yào tōng xìn wèi xīng yě kě yǐ bǎ xìn hào chuán
要，通信卫星也可以把信号传
sòng gěi qí tā háng tiān qì yú shì tōng xìn
送给其他航天器。于是，通信
wèi xīng jiù chéng le fù gài quán qiú de wú
卫星就成了覆盖全球的无
xiàn diàn tōng xìn zhōng zhuǎn zhàn bāng
线电通信中转站，帮
zhù quán qiú gè dì yǐ jí dì
助全球各地以及地
qiú hé qí tā háng tiān qì
球和其他航天器
zhī jiān jìn xíng tōng xìn
之间进行通信

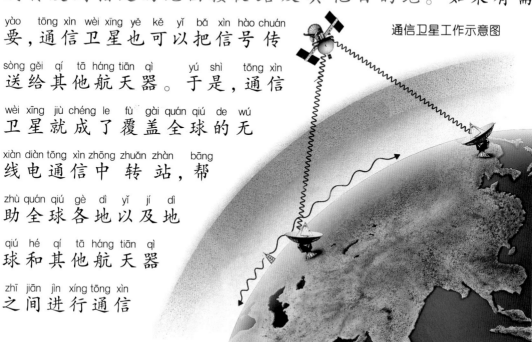

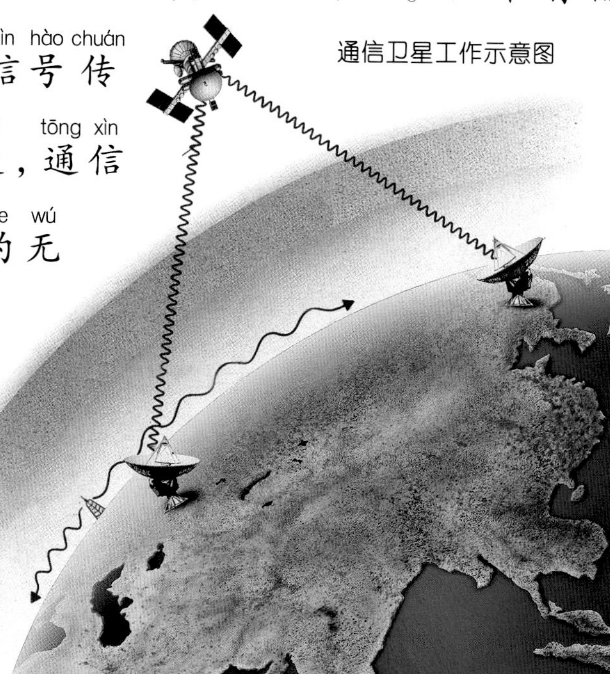
通信卫星工作示意图

通过卫星的传递，无线电波可以到达地球的每一个角落。

智慧小考官

通信卫星传播信号的速度有多快?

通信卫星就是一个微波中继站，它从一个地面站接来电信号，经放大变频，再发送回另一个或几个地面站。通信卫星在距离地球3600千米的高空运行，它将地球一端发出的无线电信号传播到地球的另一端，所需要的时间还不到半秒钟。

lián luò yóu yú tōng xìn wèi xīng jī běn shang yǔ dì qiú bǎo chí tóng
联络。由于通信卫星基本上与地球保持同
bù yùn xíng yīn cǐ shǐ wèi xīng tóng bù chuán sòng jiē shōu huò zhuǎn
步运行，因此，使卫星同步传送、接收或转
bō shù yǐ qiān jì de kuà yuè dì qiú de diàn huà xìn hào hé
播数以千计的跨越地球的电话信号和
diàn shì jié mù xìn hào děng fāng biàn le xǔ duō
电视节目信号等方便了许多。

无线电发报机

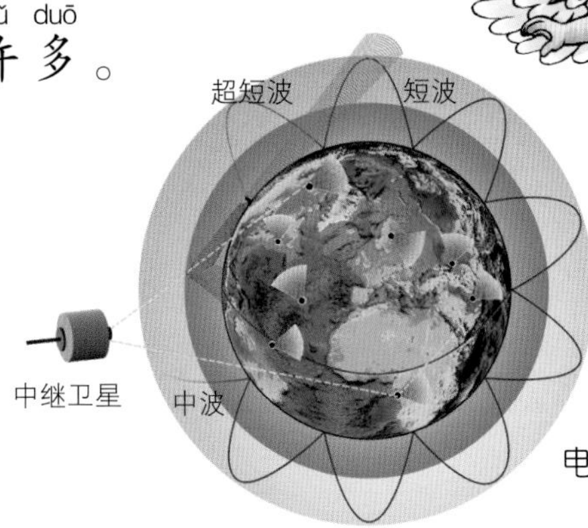

电波的传播方法

为何称纳米管为“超级纤维”？

纳米是一种长度单位，100万纳米才有1毫米长。以纳米为基本计量单位的极小微粒构成的材料就是纳米材料。由纳米材料制成的机器一般只有一粒尘埃那么大，但是它里面却有上千个部件，可以完成许多人类无法直接操作的工作。纳米管就是科学家用纳米材料制成的精密仪器，5万个碳纳米管并排起来才有人

利用纳米技术可以制成纳米陶瓷。

碳纳米管

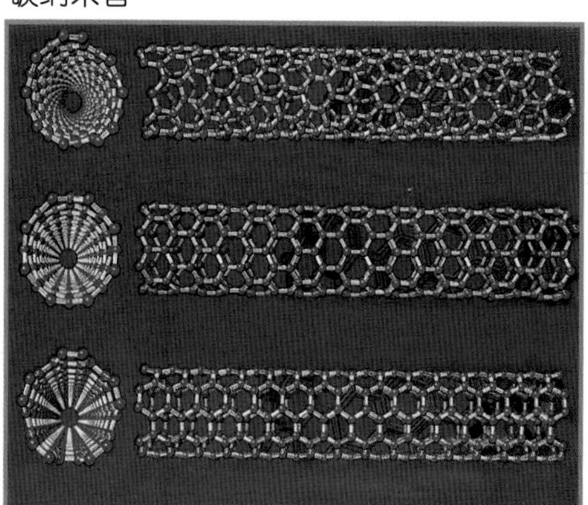

在火箭固体燃料中掺入铝的纳米微粒，可提高燃烧效率。

新的纳米面料具有自动清洁功能。

用纳米材料可制成隐形飞机的涂料。

de yì gēn tóu fa sī nà me
的一根头发丝那么
cū dàn tā de rèn xìng fēi
粗，但它的韧性非
cháng gāo qiáng dù bǐ gāng
常高，强度比钢
hái gāo bèi yīn
还高100倍。因
cǐ kē xué jiā men bǎ
此，科学家们把
nà mǐ guǎn chēng wéi wèi lái shì jiè de chāo jí
纳米管称为未来世界的“超级
xiān wéi
纤维”。

智慧小考官

碳纳米管复合材料有哪些优良性能？

用碳纳米管材料制作的塑料力学性能优良，导电性好，耐腐蚀，能屏蔽无线电波。使用水泥做基体的碳纳米管复合材料耐冲击性好，防静电，耐磨损，稳定性高，不易对环境造成影响。碳纳米管陶瓷复合材料的强度高，抗冲击性能好。

néng zào chū hé nǐ yì mú yí yàng de rén ma
能造出和你一模一样的人吗？

xiǎo péng yǒu men zhī dào ma， xiàn zài yǒu yì zhǒng jiào zuò kè lóng de xīn jì shù， tā néng lì yòng yì zhǒng shēng wù de yí gè tǐ xì bāo， fù zhì chū yǔ zhè ge shēng wù wán quán xiāng tóng de shēng mìng wù zhì huò shēng mìng gè tǐ， jiù xiàng fān lù cí dài hé fù yìn wén jiàn yí yàng。 kē xué jiā zǎo jiù yǐ jīng lì yòng kè lóng jì shù chéng gōng de kè lóng chū le mián yáng、 zhū děng bǔ rǔ dòng wù。

小朋友们知道吗，现在有一种叫作克隆的新技术，它能利用一种生物的一个体细胞，复制出与这个生物完全相同的生命物质或生命个体，就像翻录磁带和复印文件一样。科学家早就已经利用克隆技术成功地克隆出了绵羊、猪等哺乳动物。

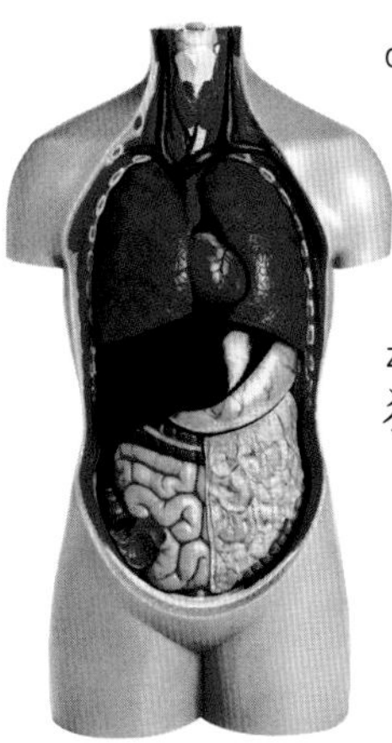

科学家们可以利用克隆技术制造出人体器官。

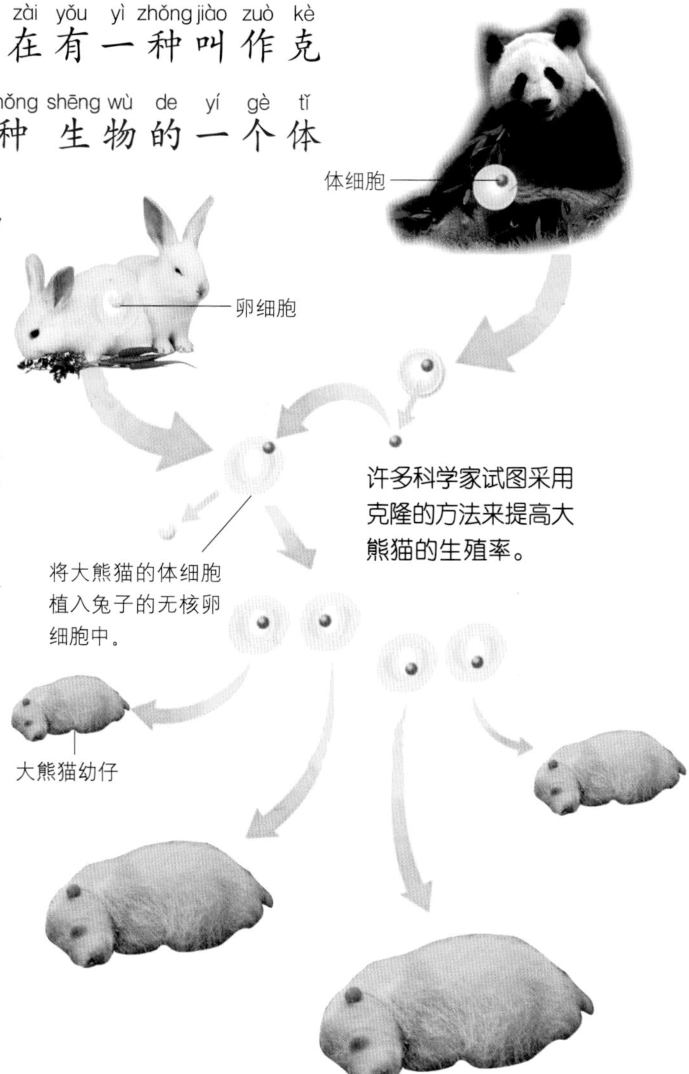

许多科学家试图采用克隆的方法来提高大熊猫的生殖率。

智慧小考官

你知道最早被克隆出来的动物是什么吗？

1996年，英国生物学家利用克隆技术“复制”出了世界上第一只克隆绵羊——多莉。这意味着人类可以利用动物的一个组织细胞，像复印文件一样大量地生产出相同的生命体了。

同样道理，科学家也一定能克隆出和你一模一样的人来。但是，因为克隆人会引起人类社会的混乱，所以各个国家都坚决抵制进行人的克隆。

“制造”克隆人在理论上是成立的。

No.2

1999年3月，世界上第一只克隆羊多莉产下了三只小羊羔。

No.1

双胞胎虽然看起来一样，但却不是克隆出来的。

wèi shén me yì miáo néng yù fáng jí bìng
为什么疫苗能预防疾病？

wǒ men cóng chū shēng dào xiàn zài dǎ guò hǎo duō zhǒng yì miáo
我们从出生到现在，打过好多种疫苗，
yī shēng shuō zhè yàng jiù néng yù fáng jí bìng zhè shì wèi shén me ne
医生说这样就能预防疾病，这是为什么呢？
yuán lái yì miáo zhōng hán yǒu bú jù bèi zhì bìng néng lì de bìng jūn
原来，疫苗中含有不具备致病能力的病菌，
zhè xiē bìng jūn néng cì jī rén tǐ de miǎn yì xì tǒng shǐ miǎn yì xì
这些病菌能刺激人体的免疫系统，使免疫系
tǒng chǎn shēng xiāng yìng de kàng tǐ dāng zhè zhǒng bìng jūn gōng jìn rén
统产生相应的抗体。当这种病菌攻进人
tǐ shí miǎn yì xì tǒng jiù néng gēn jù jì yì
体时，免疫系统就能根据记忆
bǎ tā biàn rèn chu lai zhì zào chū gèng
把它辨认出来，制造出更
duō de kàng tǐ tūn shì bìng jūn cóng
多的抗体，吞噬病菌，从
ér yù fáng jí bìng
而预防疾病。

现在，科学家已经研制出了许多疫苗。

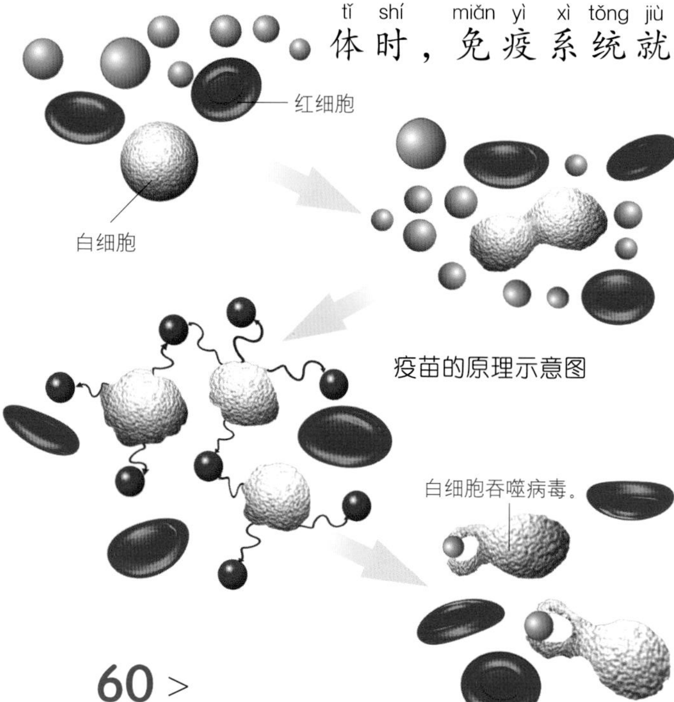
红细胞
白细胞
白细胞吞噬病毒。
疫苗的原理示意图

加强体育锻炼，也能增强免疫力。

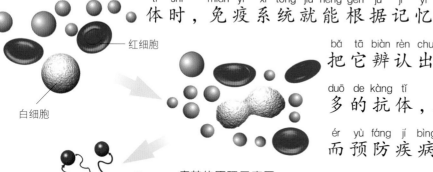

shén me shì huà xué wǔ qì
什么是化学武器？

像猪嘴一样的防毒面具是人类在毒区的“护身符”。

huà xué wǔ qì bāo kuò huà xué dú jì huà xué
化学武器包括化学毒剂、化学
pào dàn hé èr yuán huà xué wǔ qì děng huà xué dú jì
炮弹和二元化学武器等。化学毒剂
néng qiǎo wú shēng xī de jìn rù rén tǐ shǐ rén zhòng
能悄无声息地进入人体，使人中
dú huà xué pào dàn shì zhuāng yǒu huà xué dú jì de pào dàn yòng cháng guī wǔ qì fā
毒。化学炮弹是装有化学毒剂的炮弹，用常规武器发
shè èr yuán huà xué wǔ qì zé bǎ liǎng zhǒng huà xué wù zhì zhuāng zài yí gè dàn tóu zhōng
射。二元化学武器则把两种化学物质装在一个弹头中，
dāng wǔ qì bào zhà shí fā shēng huà xué fǎn yìng cóng ér chǎn shēng dú hài zuò yòng
当武器爆炸时，发生化学反应，从而产生毒害作用。

防化学武器袭击演习

什么是冷兵器和热兵器？

从古至今，武器的家族不断壮大，它们大致可以分为两类：一类是冷兵器，另一类是热兵器。冷兵器以人的体能为能源，一般由青铜或钢铁制造而成，它们利用兵器的尖利及重量来杀伤敌人。冷兵器又可以细分为格斗兵器、抛射兵器、防护装备三类。中国古代的兵器以冷兵器为主。而热兵器则以火药、

秦代铜箭镞

商代铜羊首剑

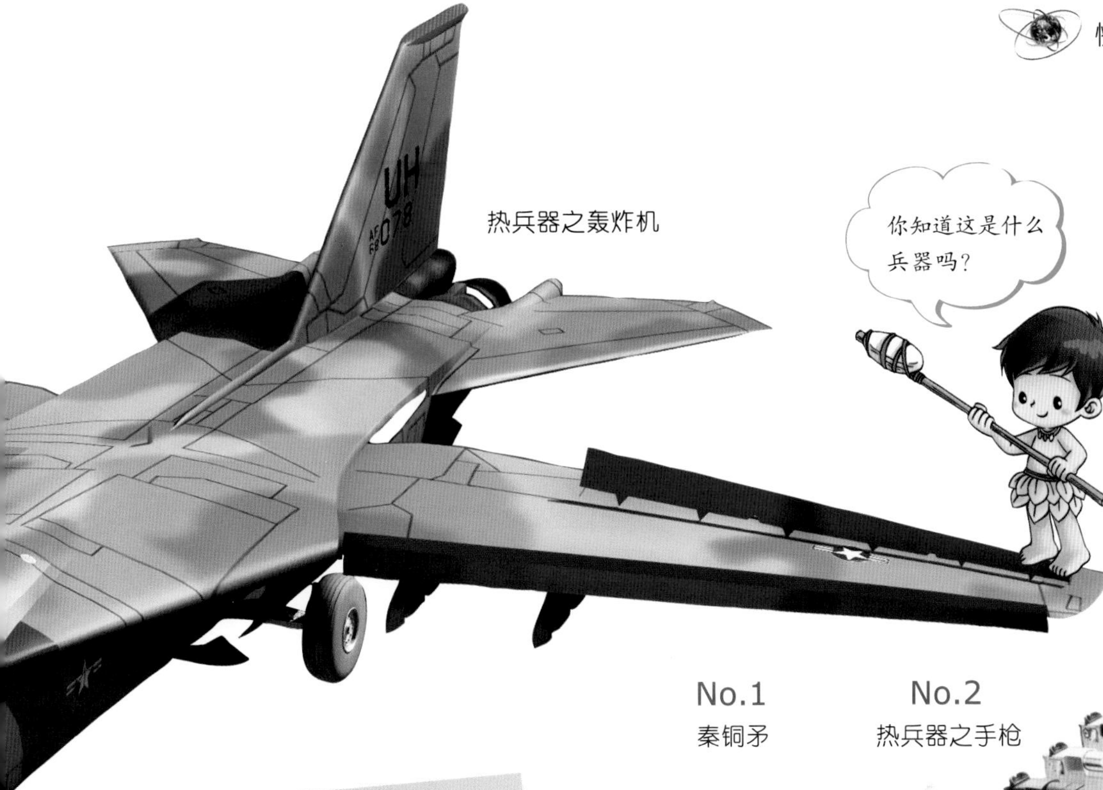

热兵器之轰炸机

No.1

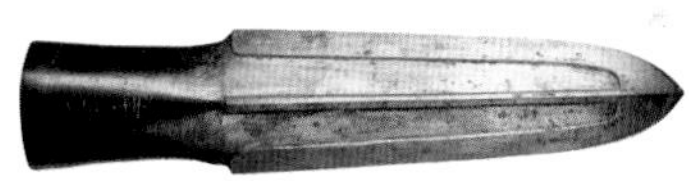

秦铜矛

No.2

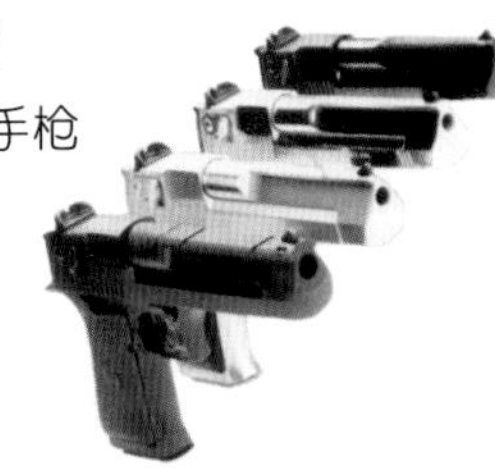

热兵器之手枪

zhà yào děng rè dòng lì lái gòu chéng jī xiè dǎ jī
炸药等热动力，来构成机械打击

xì tǒng hé jì shù shā shāng shǒu duàn xiàn dài zhàn
系统和技术杀伤手段。现代战

zhēng duō yǐ rè bīng qì wéi zhǔ yǔ lěng bīng qì
争多以热兵器为主。与冷兵器

xiāng bǐ rè bīng qì gèng jù shā shāng lì zào chéng
相比，热兵器更具杀伤力，造成

de pò huài chéng dù gèng dà
的破坏程度更大。

智慧小考官

“十八般兵器”指的是什么？

我们经常听到“十八般兵器”，它们都属于冷兵器。“十八般兵器”是指中国古代的18种兵器，现在普遍认为它们分别是刀、枪、剑、戟、斧、钺、钩、叉、棍、槊、棒、鞭、锏、锤、抓、镋、拐子和流星。这些兵器虽然非常简单，但它们在漫长的冷兵器时代却发挥着很重要的作用。

古代的陆战武器有哪些？

在古代的战场上，士兵们在陆地上除了使用戈、矛等长兵器，刀、剑等短兵器外，还使用战车、云梯、巢车和指南车等必不可少的作战工具。而且，早在公元200年，中国就出现了原始的大炮——抛石机。在著名的官渡之战中，曹操就曾使用抛石机攻破了袁绍的营垒，从而大获全胜。与现代

No.1
云梯是中国古代的攻城器械之一。

No.2
指南车模型

No.3
古代战车铜像

描绘官渡之战的图画

de wǔ qì xiāng bǐ zhè xiē gǔ dài wǔ qì kě néng
的武器相比，这些古代武器可能
xiǎn de yǒu xiē jiǎn lòu dàn shì duì yú dāng shí de
显得有些简陋，但是对于当时的
tiáo jiàn lái shuō tā men kě shì dài
条件来说，它们可是代
biǎo le xiān jìn de kē jì shuǐ píng
表了先进的科技水平。

秦国指挥车

智慧小考官

抛石机是一种什么武器？

堪称原始大炮的抛石机是一种抛射武器。它有一个装有横轴的木架，在横轴中间穿着一根韧性极好的长木杆。在木杆的一端结上绳索，另一端系着一个皮囊。发射时，巨大的离心力将石块从皮囊中抛出，飞向敌人的阵地。

枪械的种类有多少？

枪械的家族日益壮大，不断增加新成员。按用途来分，枪械通常可分为手枪、步枪、冲锋枪、机枪和特种枪等。如果按自动化程度来分，枪械可分为全自动枪械、半自动枪械和非自动枪械三种；按枪

枪是现代战争中必不可少的作战武器。

古代士兵正在用火绳枪进行发射。

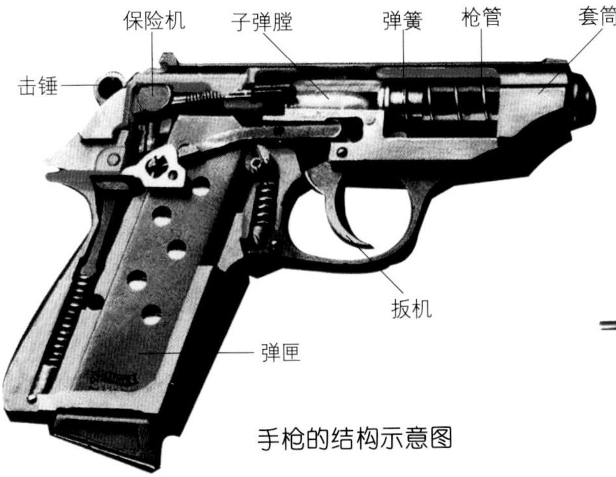

手枪的结构示意图

枪械通常分为手枪、步枪、冲锋枪和特种枪等。

shēn yǒu méi yǒu qiāng tuō kě fēn wéi yǒu qiāng
身有没有枪托，可分为有枪
tuō qiāng hé wú qiāng tuō qiāng àn shǐ yòng zǐ
托枪和无枪托枪；按使用子
dàn zhǒng lèi de bù tóng kě yǐ fēn wéi yǒu
弹种类的不同，可以分为有
ké dàn qiāng hé wú ké dàn
壳弹枪和无壳弹
qiāng àn shǐ yòng dì diǎn de
枪；按使用地点的
bù tóng kě fēn wéi shuǐ shàng shǐ
不同，可分为水上使
yòng qiāng xiè hé shuǐ xià shǐ yòng
用枪械和水下使用
qiāng xiè děng děng
枪械等等。

智慧小考官

世界上最早的枪诞生在哪里？

枪的始祖是中国南宋时期制造的“突火枪”，这种突火枪用巨竹做成枪筒，燃放后，膛口会喷出火焰，火药弹飞出散开，以此来杀伤对阵的敌人。中国古代的这种“突火枪”是世界上最早的管形射击火器，这个发明比西方早了好几百年。因此可以说，枪最早诞生于中国。

wèi shén me dà duō shù qiāng shì hēi sè de
为什么大多数枪是黑色的？

银白色的伯莱塔M8045手枪

dà duō shù qiāng xiè pī zhe yì shēn hēi yī fu zhè shì bu shì
大多数枪械披着一身黑衣服，这是不是
wèi le ràng zì jǐ kàn shang qu gèng kù ne qí shí qiāng xiè de
为了让自己看上去更“酷”呢？其实，枪械的
zhè shēn hēi yī fu kě dà yǒu lái tou ne tā shì jīng guò
这身“黑衣服”可大有来头呢。它是经过
tè shū gōng yì zhì chéng de yì céng hēi sè de jīn shǔ yǎng huà wù bó
特殊工艺制成的一层黑色的金属氧化物薄
mó néng bǎ qiāng xiè běn shēn yǔ wài jiè de huǒ yào qì tǐ kōng qì
膜，能把枪械本身与外界的火药气体、空气、
shuǐ fèn hé fēng shā gé lí kāi fáng zhǐ jīn shǔ líng jiàn fǔ shí shēng xiù
水分和风沙隔离开，防止金属零件腐蚀生锈。
lìng wài hēi sè duì guāng de fǎn shè lǜ xiǎo zài zuò zhàn xíng dòng zhōng
另外，黑色对光的反射率小，在作战行动中
hái kě yǐ qǐ dào yǐn bì de zuò yòng qiāng xiè shī men zhèng shì
还可以起到隐蔽的作用。枪械师们正是

披着一身“黑衣”的布伦轻机枪

kǎo lǜ dào hēi sè duì qiāng yǒu zhè me duō hǎo chù cái gěi dà duō shù de qiāng chuān shàng le hēi yī fu

考虑到黑色对枪有这么多好处，才给大多数的枪穿上了“黑衣服”。

No.1

以色列“BUL”彩色手枪

No.2

奥地利格洛克彩弹手枪

No.3

“黑衣服”是枪械的保护层。

黑色“防护衣”能防止枪械各部件被火药气体熏染和附着。

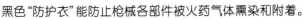

智慧小考官

所有的枪都是黑色的吗?

虽然大部分的枪械都涂有黑色的外膜，但实际上，并不是所有的枪都是黑色的。在枪械制造过程中，随着加工工艺的改进，金属氧化物薄膜也会呈现不同的颜色，如蓝色和银白色等。其实，子弹的颜色也有许多种，如绿色、红色、黑色和白色等。

wèi shén me yǒu de qiāng kě yǐ xiāo shēng
为什么有的枪可以消声？

pǔ tōng shǒu qiāng shè jī shí zǒng huì fā chū pēng pēng pēng
普通手枪射击时总会发出“砰、砰、砰”
de jù xiǎng fēi cháng xià rén bú guò yǒu yì zhǒng tè shū de qiāng
的巨响，非常吓人。不过有一种特殊的枪，
tā fā chū de shēng yīn hěn wēi ruò zhōu wéi de rén hěn nán chá
它发出的声音很微弱，周围的人很难察
jué zhè zhǒng qiāng jiù shì wēi shēng qiāng yě jiào wú shēng qiāng
觉，这种枪就是微声枪，也叫无声枪。
wēi shēng qiāng de qiāng guǎn shang tào yǒu yuán tǒng xíng xiāo shēng qì
微声枪的枪管上套有圆筒形消声器，
měi dāng kòu dòng bān jī shí qiāng lǐ miàn chǎn shēng de gāo yā qì liú jiù huì zài xiāo shēng qì
每当扣动扳机时，枪里面产生的高压气流就会在消声器

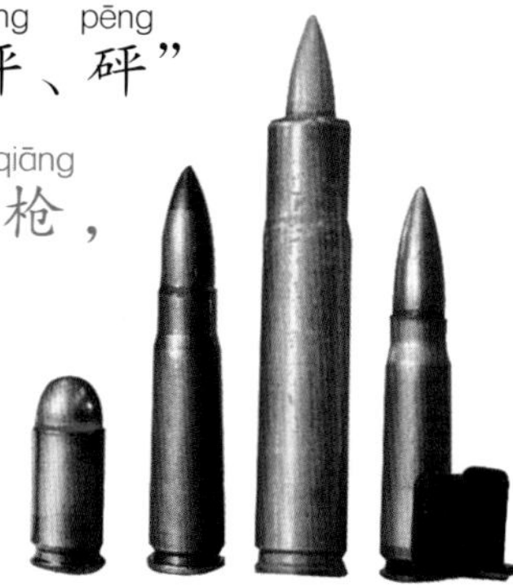

微声枪使用的子弹

微声冲锋枪

微声冲锋枪结构示意图

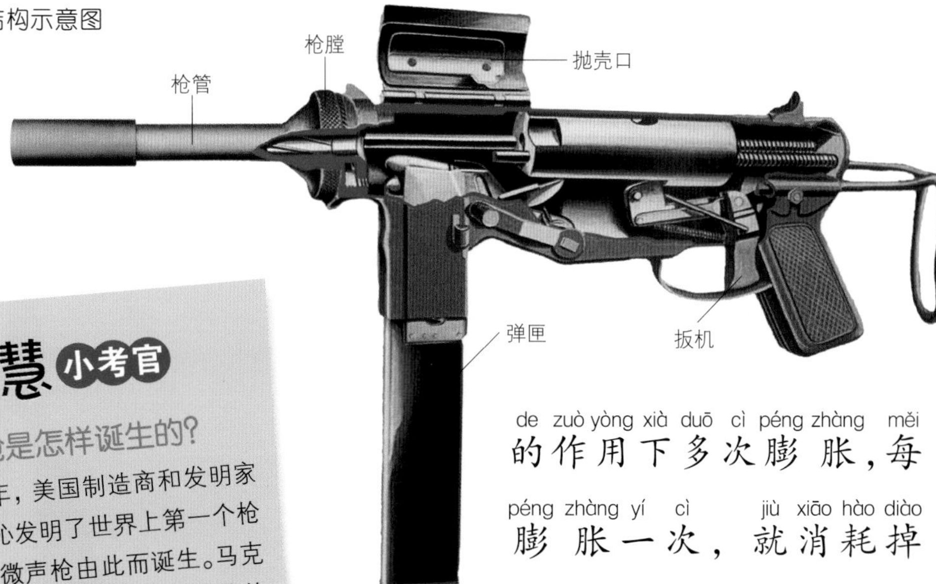

智慧小考官

微声枪是怎样诞生的？

1908 年，美国制造商和发明家 H. P. 马克沁发明了世界上第一个枪用消声器，微声枪由此而诞生。马克沁很喜欢打猎，但他又厌恶猎枪的巨大噪声，所以他决心研制出能消除噪声的装置。1908 年，马克沁制造出第一个猎枪用消声器，使猎枪射击声大大减小了。

的作用下多次膨胀，每膨胀一次，就消耗掉一部分气体。当最后剩下的气体喷出套筒时，枪里面的压力和速度已变得很低，于是枪发出的声音就变微弱了。

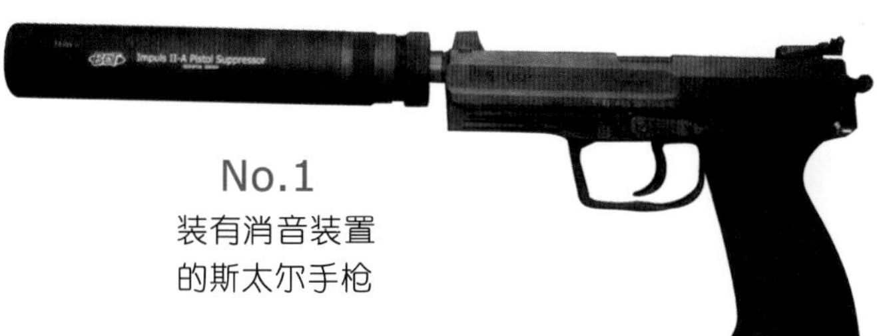

No.1
装有消音装置的斯太尔手枪

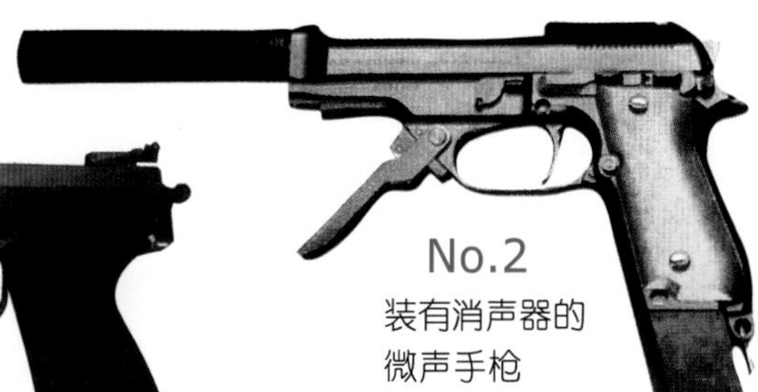

No.2
装有消声器的微声手枪

谁是“枪中元老”？

早在14世纪中叶，世界上就出现了最原始的步枪，因此步枪是当之无愧的“枪中元老”。步枪指的是单兵使用的长管肩射枪械，旧称“来复枪”。步枪长度一般在1米左右，其有效射程可达400～800米。步枪有很多种类，比如连珠枪、毛瑟步枪、卡宾枪、突击步枪、狙击步枪、反坦克步枪、小口径步枪以及无壳弹步枪等。其中，日本造的“三八大盖”步

意大利曼丽夏——卡尔达诺TSM1891式卡宾枪

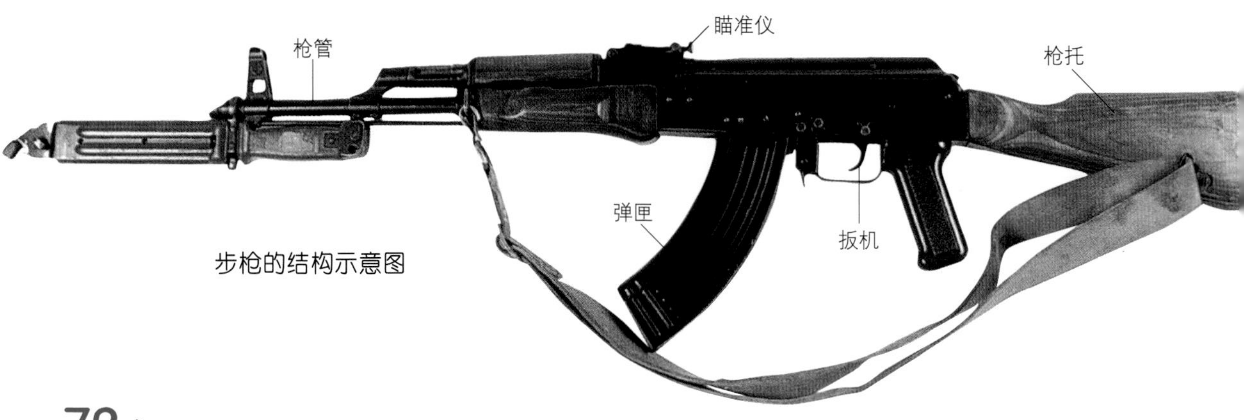

步枪的结构示意图

智慧小考官

有能打飞机的步枪吗?

如果要对付武装直升机等低空飞行器，只要用 12.7 毫米口径的狙击步枪发射 3~5 枚穿甲燃烧弹，就可以使敌机丧失作战能力。如果用它对付那些低空悬停的无人飞机等，就更不在话下了。

装上微光瞄准镜的 L85A1 式突击步枪

qiāng měi guó zào de kǎ bīn qiāng
枪、美国造的卡宾枪

děng dōu wéi rén men suǒ shú zhī
等都为人们所熟知。

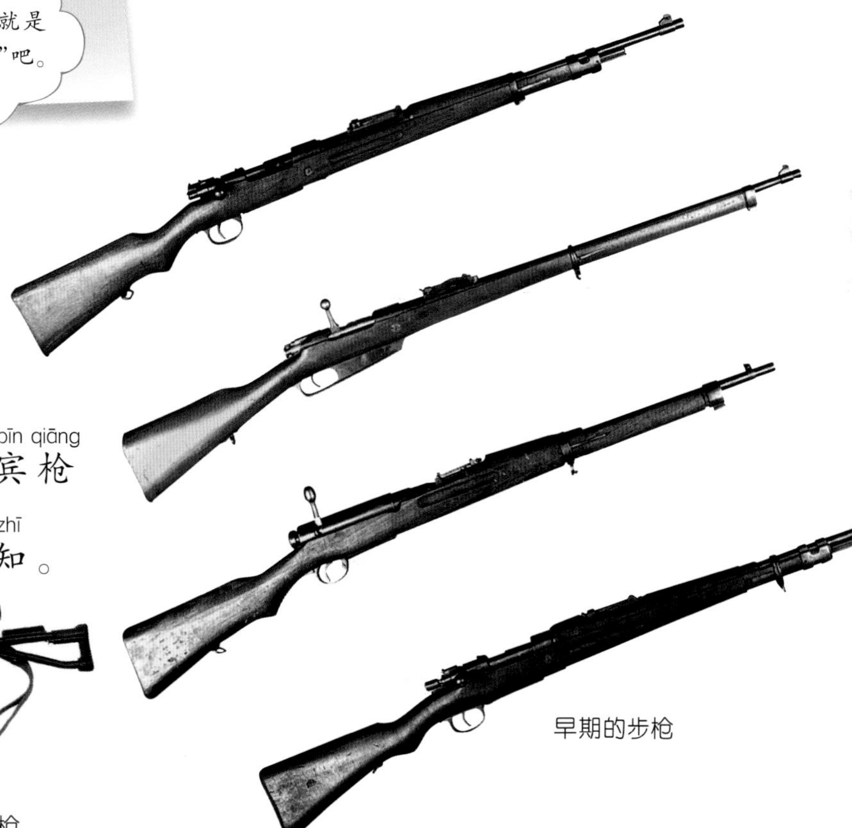

早期的步枪

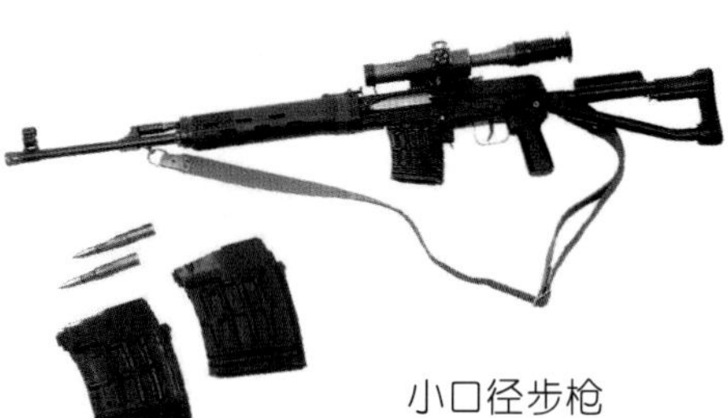

小口径步枪

chōng fēng qiāng shì zěn yàng dé míng de
冲锋枪是怎样得名的?

chōng fēng qiāng de gè tóur bǐ bù qiāng xiǎo pí qi què yǒu diǎn xiàng jī
冲锋枪的“个头儿”比步枪小,“脾气”却有点像机
qiāng hái céng jīng bèi chēng wéi shǒu tí jī guān qiāng chōng fēng qiāng jié gòu hěn jiǎn dān
枪,还曾经被称为“手提机关枪”。冲锋枪结构很简单,
qiāng guǎn bǐ jiào duǎn dàn xiá róng liàng hěn dà zhàn dòu shè sù wéi fā fēn chōng
枪管比较短,弹匣容量很大,战斗射速为40发/分。冲
fēng qiāng duō shè yǒu xiǎo wò bǎ qiāng tuō yì bān kě shēn suō hé zhé dié yīn cǐ xié dài
锋枪多设有小握把,枪托一般可伸缩和折叠,因此,携带
qi lai hěn fāng biàn yòng qi lai yě tè bié shùn shǒu dāng zāo yù dí rén shí chōng fēng
起来很方便,用起来也特别顺手。当遭遇敌人时,冲锋
qiāng néng tū rán kāi huǒ ér qiě shè sù gāo huǒ lì měng tè bié shì hé jìn zhàn de chōng
枪能突然开火,而且射速高、火力猛,特别适合近战的冲

智慧小考官

最早的冲锋枪诞生于哪里?

冲锋枪诞生于第一次世界大战期间。当时为了适应阵地争夺战的需要,意大利于1915年设计了一种理论射速很高、发射手枪子弹的自动武器,这就是最早的冲锋枪,后来这种冲锋枪就被人们称为勒·帕洛沙M1915式冲锋枪。

手持1914式冲锋枪和轻机枪的士兵

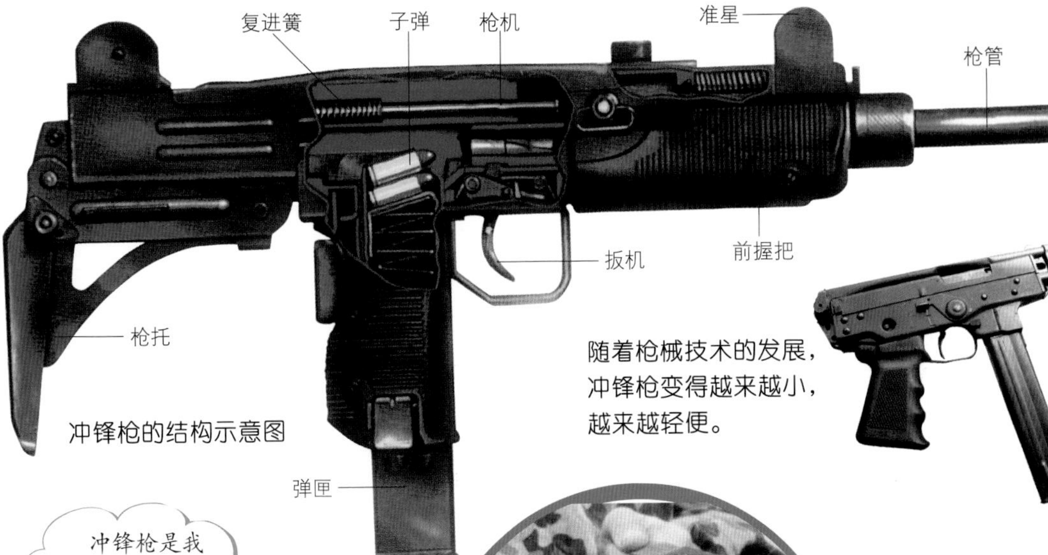

冲锋枪的结构示意图

随着枪械技术的发展，冲锋枪变得越来越小，越来越轻便。

斯太尔 MPi69 冲锋枪的翘起装置是一种前掷式支架。

fēng yǔ fǎn chōng fēng tā shì chéng shì xiàng
锋与反冲锋，它是城市巷
zhàn cóng lín zuò zhàn qiàn háo zuò zhàn de
战、丛林作战、堑壕作战的
lǐ xiǎng wǔ qì yīn cǐ rén men bǎ tā
理想武器，因此人们把它
jiào zuò chōng fēng qiāng
叫作“冲锋枪”。

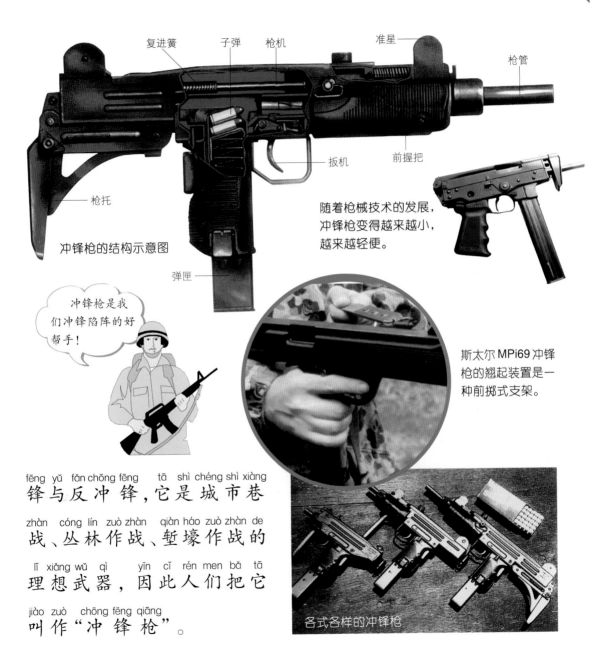

各式各样的冲锋枪

zǐ dàn shì zěn me fēi chu qu de
子弹是怎么飞出去的？

pēng de yì shēng qiāng xiǎng yì kē zǐ dàn fēi chū le qiāng táng nǐ zhī dào
“砰”的一声枪响，一颗子弹飞出了枪膛。你知道
zǐ dàn shì zěn me fēi chu qu de ma yuán lái tā shì bèi qì tǐ tuī chu qu de zǐ
子弹是怎么飞出去的吗？原来它是被气体推出去的。子
dàn bèi zhuāng jìn qiāng táng yǐ hòu zhǐ yào rén men yí kòu bān jī
弹被装进枪膛以后，只要人们一扣扳机，
qiāng li de gāng zhuàng zhēn jiù huì kào tán huáng de lì
枪里的钢撞针就会靠弹簧的力

机枪的子弹

沙漠之鹰手枪及其弹头

智慧小考官

子弹都是沿直线飞行的吗?

不是。有一种子弹的内部装有制导系统，能跟踪目标前进。如果目标在子弹飞行的直线之外或躲在障碍物下，子弹也能够拐弯以击中目标。

手持枪械的士兵一旦扣动扳机，子弹就会迅速飞出来。

liàng shǐ jìnr zhuàng jī zǐ dàn de wěi bù zǐ dàn
量使劲儿撞击子弹的尾部，子弹
wěi bù nèi de liè xìng zhà yào yí zhuàng jiù mào chū huǒ cóng ér hěn
尾部内的烈性炸药一撞就冒出火，从而很
kuài diǎn rán dàn ké nèi de huǒ yào huǒ yào rán shāo chǎn shēng hěn duō
快点燃弹壳内的火药，火药燃烧产生很多
rè qì zhè gǔ qì tǐ de yā qiáng hěn dà bǎ dàn tóu měng de tuī
热气，这股气体的压强很大，把弹头猛地推
chū qiāng kǒu zǐ dàn jiù zhè yàng fēi le chū qù zhè ge guò chéng
出枪口，子弹就这样飞了出去。这个过程
tīng qi lai fù zá shí jì shang què fēi cháng xùn sù
听起来复杂，实际上却非常迅速。

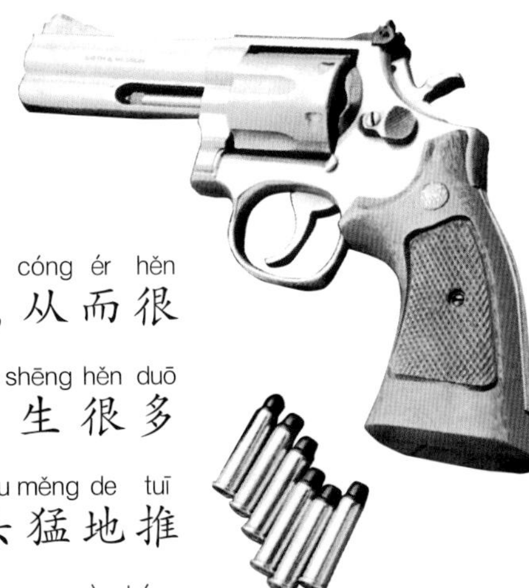

美国S&WM686转轮手枪和它所用的子弹

火炮有多少种？

19 世纪美国滑膛炮

火炮是指口径在20毫米以上的身管射击武器，它可以发射多种弹药，对地面、海上和空中的目标进行射击。火炮种类非常多，那么，就让我们来逐一认识一下吧。因为标准不一样，所以火炮的分类也有多种，比如：按用途可以分为地面压制火炮、高射炮、反坦克火炮、坦克炮、航空机关炮、舰炮和海岸炮，按弹道特性可以分为加农炮、榴弹炮和迫击炮，按机动方

火箭炮发射瞬间

美国 M270 自行火箭炮

shì kě yǐ fēn wéi zì xíng huǒ
式可以分为自行火
pào qiān yǐn huǒ pào luó
炮、牵引火炮、骡
mǎ wǎn yè huǒ pào hé luó mǎ tuó zài huǒ pào àn
马挽曳火炮和骡马驮载火炮，按
pào táng gòu zào kě yǐ fēn wéi xiàn táng pào hé huá táng
炮膛构造可以分为线膛炮和滑膛
pào děng děng
炮等等。

智慧小考官

最早的火炮是在哪里出现的？

13 世纪末到 14 世纪初，中国出现了一种用铜做成的管形火器——铜火铳。这种火器其貌不扬，呈又黑又粗的圆筒状，但在轰击敌人的时候，却显示出了很大的威力。这种管形火器就是最早的火炮。但这种早期铳炮的长度、口径重量并没有统一的标准，也没有准星和瞄准装置，射程和命中率都受到一定的限制。

为什么战车要穿上“铠甲”？

履带式装甲战车

装甲战车是用来运送士兵和保障战斗顺利进行的车辆。步兵战车、装甲侦察车、装甲人员运输车、装甲工程车及装甲指挥车等都是装甲战车家族的成员。在现代战争中，装甲战车已经成为陆军地面作战的主要装备，它也是战争中后勤补给的重要保障。由于装甲战车肩负的任务非常重

美国的轮式装甲战车

要，因此，设计人员要格外注意保障它的安全，于是装甲战车就有了一层厚厚的“铠甲”。这层“铠甲”是由铁皮制成的，既笨重又结实，像一个坚不可摧的堡垒，士兵在里面很安全。

No.1
装甲人员运输车

No.2
装甲救护车

智慧小考官

有能够在水中漂浮的装甲战车吗？

装甲战车看上去非常笨重，怎么能在水中漂浮呢？有一种名叫步兵战车的装甲战车，它的车身上专门设有浮箱，浮箱内填充着特制的塑料，这个浮箱能使步兵战车像船一样漂浮在水中。

No.3
装甲侦察车

坦克是怎样得名的？

第一次世界大战中，各国开始研制一种带装甲的战车。1915年，世界上第一批装甲战车诞生了，它们很像西亚居民的运水车，于1916年投入生产。为了保密，美国军方在运送它们的木箱上写上了“水柜”的字样。“水柜”的英文TANK，读作“坦克”。于是，这种新式战车就被称为坦克。

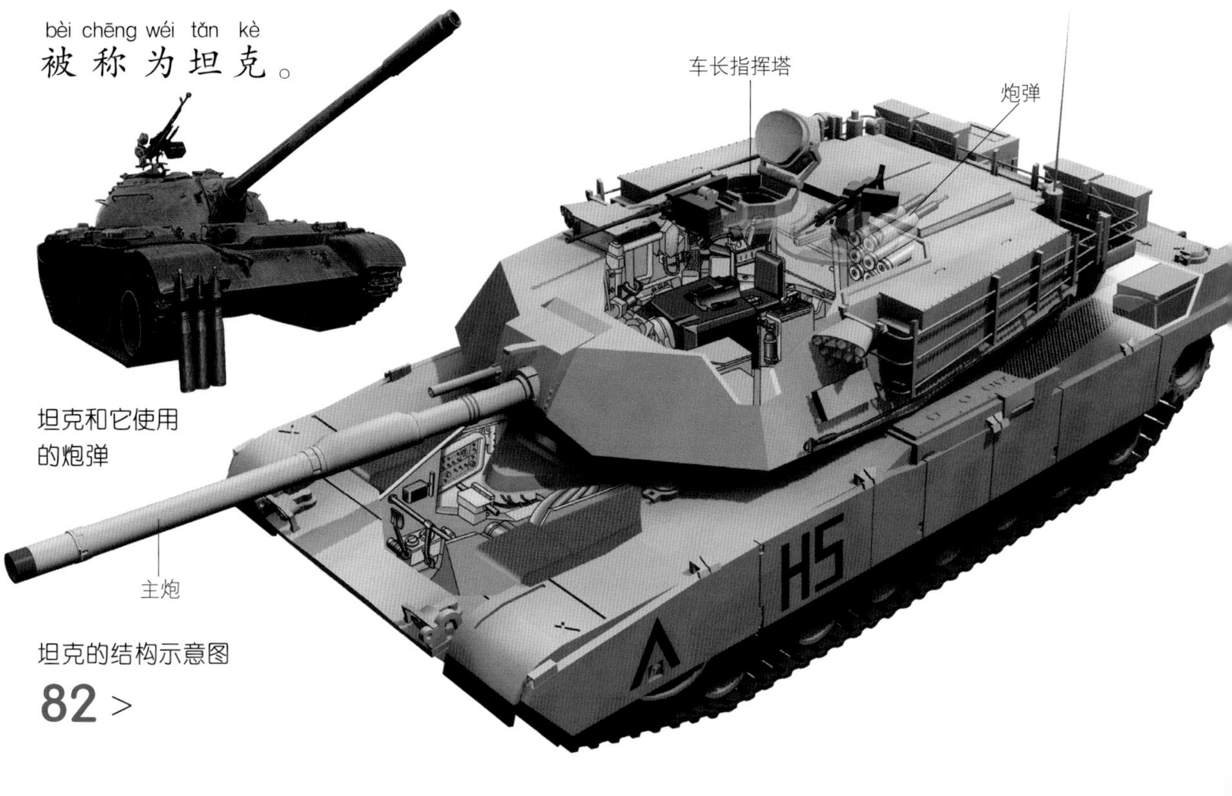

坦克和它使用的炮弹

坦克的结构示意图

tǎn kè li de rén zěn me kàn lù
坦克里的人怎么看路？

nǐ kěn dìng hěn qí guài tǎn kè jiù xiàng yí gè mì fēng de dà
你肯定很奇怪，坦克就像一个密封的大
tiě guì nà lǐ miàn de rén zěn me kàn lù ne bú yào
铁柜，那里面的人怎么看路呢？不要
dān xīn tǎn kè de qián wàng jìng kě yǐ xuán zhuǎn bù
担心！坦克的潜望镜可以旋转，不
jǐn néng gòu yòng lái kàn qīng
仅能够用来看清
sì zhōu de qíng kuàng hái
四周的情况，还
néng xiàng wàng yuǎn jìng yí
能像望远镜一
yàng bǎ wù tǐ fàng dà
样，把物体放大。

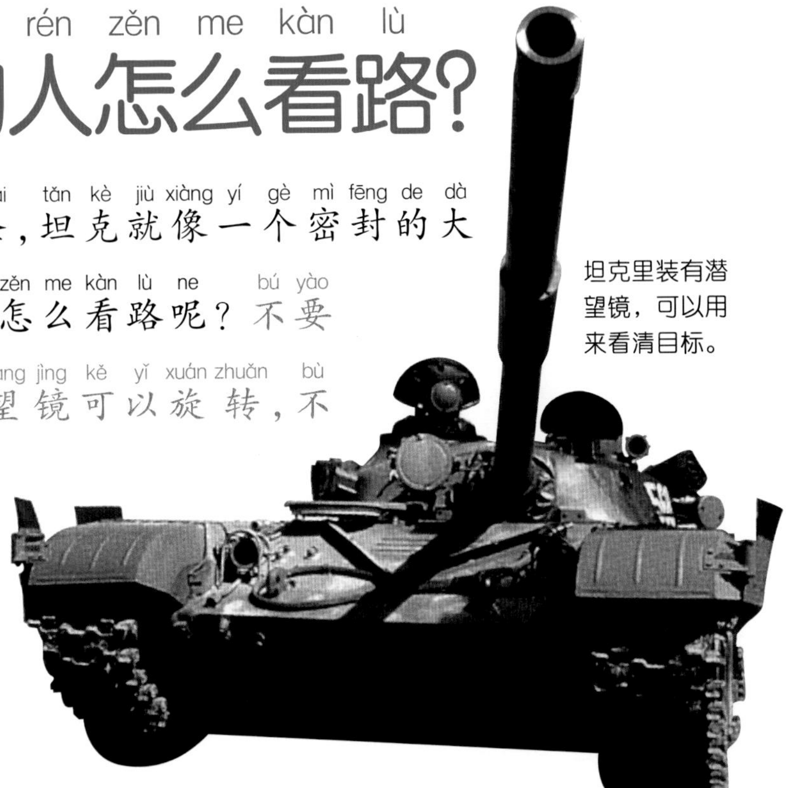

坦克里装有潜望镜，可以用来看清目标。

pào shǒu hái yǒu zhuān mén de miáo zhǔn jìng jīng guò miáo zhǔn kě yǐ
炮手还有专门的瞄准镜，经过瞄准可以
bǎ pào dàn dǎ de tè bié zhǔn lìng wài tǎn kè shàng miàn zhuāng
把炮弹打得特别准。另外，坦克上面装
yǒu yì zhǒng yè shì yí kě yǐ
有一种夜视仪，可以
bāng zhù tǎn kè bīng zài hēi àn
帮助坦克兵在黑暗
li kàn qīng mù biāo
里看清目标。

T-90是一种典型的组合式坦克。

shén me tǎn kè néng pēn huǒ

什么坦克能喷火？

美军在太平洋战役中曾大规模使用喷火坦克。

nǐ tīng shuō guo pēn huǒ tǎn kè ma tā shì yì
你听说过喷火坦克吗？它是一
zhǒng zhuāng yǒu pēn huǒ zhuāng zhì de tè shū tǎn kè kě
种装有喷火装置的特殊坦克，可
yǐ zài jìn jù lí nèi pēn shè huǒ yàn shā shāng dí jūn
以在近距离内喷射火焰，杀伤敌军
shì bīng huò zhě pò huài dí fāng de jūn yòng shè shī pēn
士兵或者破坏敌方的军用设施。喷
huǒ tǎn kè shǒu cì liàng xiàng shì zài nián dāng shí de
火坦克首次亮相是在1935年，当时的
yì dà lì fǎ xī sī zhèng fǔ fā dòng le rù qīn āi sài é bǐ yà de zhàn zhēng
意大利法西斯政府发动了入侵埃塞俄比亚的战争。
dāng āi sài é bǐ yà rén mín fèn qǐ fǎn kàng shí yì dà lì jūn duì tū
当埃塞俄比亚人民奋起反抗时，意大利军队突
rán shǐ yòng le yì zhǒng huì pēn huǒ de tǎn kè zhè zhǒng tǎn kè
然使用了一种会喷火的坦克。这种坦克
bù jǐn kě yǐ shè chū pào dàn hái kě yǐ pēn
不仅可以射出炮弹，还可以喷

喷火坦克喷出的火焰犹如一条火龙。

chū rán shāo měng liè mào hēi yān de jiāo zhuàng yóu
出燃烧猛烈、冒黑烟的胶状油
zhù nà cì zhàn zhēng zào chéng dà liàng āi sài
柱，那次战争造成大量埃塞
é bǐ yà rén mín shāng wáng
俄比亚人民伤亡。

智慧小考官

喷火坦克的喷火器一般被放在哪个部位？

喷火坦克的喷火器一般位于与炮塔并列、原来架设机枪的位置，它可以随炮塔一起转动。使用时，只要按一下发射按钮，油料就可以从喷嘴喷出，油料被点燃后，就会形成强大的火柱，喷向敌方目标。

加拿大喷火坦克

常见的坦克炮膛只能发射炮弹。

舰艇是怎样命名的？

由于每个国家的历史、文化背景不同，他们给舰艇命名的原则也不一样。英国军舰的名字多用来表达某种愿望，他们的航空母舰通常命名为“常胜”号、“凯旋”号等。美国则喜欢以名人的姓名来为航空母舰命名，比如“尼米兹”级、“艾森豪威尔”号、“肯尼迪”号。日本是一个岛国，其四周都是海洋，所以日本人

舰艇的船舷号通常标示在两舷的显著位置。

“俾斯麦”号战列舰是以德国著名首相俾斯麦的名字命名的。

智慧小考官

舰艇为什么都有两个名字？

为了便于领导指挥、通信联络和保守机密，每艘军舰从下水之日起就有它的舷号和大名，也就是说每艘军舰都有两个名字。如中国新型导弹驱逐舰首舰被命名为“哈尔滨”舰，“哈尔滨”舰是大名，它的舷号是112，因此，它也被称为112舰。

美国“密苏里”号战列舰

duì hǎi yáng yǒu yì zhǒng tè shū de gǎn qíng yīn cǐ rì běn rén xǐ huan yǐ gè zhǒng cháo lái mìng míng qián tǐng bǐ rú chūn cháo zǎo cháo xī cháo děng

对海洋有一种特殊的感情，因此日本人喜欢以各种“潮”来命名潜艇，比如“春潮”、“早潮”、“夕潮”等。

“英王乔治五世”级战列舰

shuí shì hǎi shang qīng qí bīng
谁是“海上轻骑兵”？

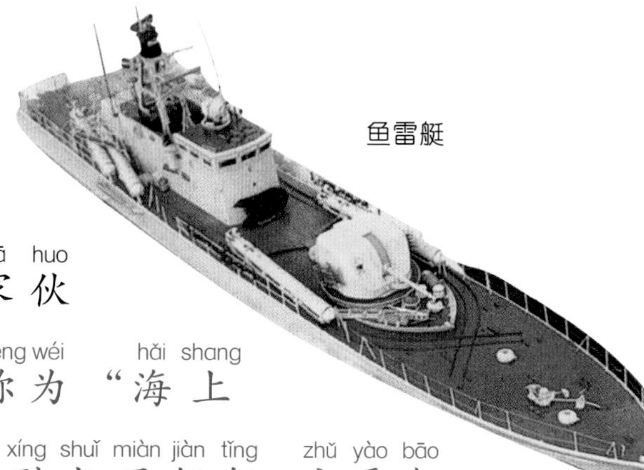

鱼雷艇

nǐ shì bu shì yǐ wéi suǒ yǒu de jiàn tǐng
你是不是以为所有的舰艇
dōu shì páng rán dà wù ne qí shí tā men
都是庞然大物呢？其实，它们
zhī zhōng yě yǒu yì xiē xiù zhēn xíng de xiǎo jiā huo
之中也有一些袖珍型的小家伙
ne zhè jiù shì bèi chēng wéi hǎi shang
呢！这就是被称为“海上
qīng qí bīng de xiǎo xíng shuǐ miàn jiàn tǐng zhǔ yào bāo
轻骑兵”的小型水面舰艇，主要包
kuò dǎo dàn tǐng liè qián tǐng hé yú léi tǐng děng xiǎo xíng
括导弹艇、猎潜艇和鱼雷艇等。小型
shuǐ miàn jiàn tǐng yīn wèi chuán tǐ xiǎo qiǎo suǒ yǐ sù dù kuài
水面舰艇因为船体小巧，所以速度快、
mù biāo xiǎo jī dòng líng huó gè gè běn lǐng chāo qiáng zài
目标小、机动灵活，个个本领超强，在

小型舰艇相对于大舰艇来说要灵活机动得多。

正在发射导弹的导弹艇

小型救生艇

海战中发挥着不可替代的作用。对于一些入侵到近海范围的敌舰，小型水面舰艇可以单独出击，也可与其他舰艇并肩作战，战斗能力、合作能力都非常强。

智慧小考官

“海上轻骑兵”中的导弹艇主要担负什么任务？

导弹艇是以舰对舰导弹为主要武器的小型高速水面战斗舰艇。因为它安装有各种鱼雷、水雷、深海炸弹和舰对舰导弹，可以对敌舰进行攻击，也可以担负巡逻、警戒、反潜、布雷等任务。

wèi shén me huǒ jiàn néng fēi shàng tiān kōng
为什么火箭能飞上天空？

火箭即将升入太空。

酒泉卫星发射中心

huǒ jiàn dōu shì zhǎng de guāng tū tū de yuán zhù
火箭都是长得光秃秃的圆柱
tǐ tā méi yǒu fēi jī nà yàng shū zhǎn de chì bǎng
体，它没有飞机那样舒展的翅膀，
què bǐ fēi jī fēi de gèng gāo huǒ jiàn bú dàn tǐ
却比飞机飞得更高。火箭不但体
jī dà zhòng liàng yě hěn jīng rén nà me tā shì zěn
积大，重量也很惊人，那么它是怎
yàng fēi shàng tiān kōng de ne qí shí zhǐ yào huǒ jiàn
样飞上天空的呢？其实，只要火箭
dé dào de xiàng shàng de tuī lì chāo guò dì
得到的向上的推力超过地
qiú duì tā de xī yǐn lì shēng kōng
球对它的吸引力，升空
jiù bù nán le huǒ jiàn fā shè
就不难了。火箭发射
shí yóu fā dòng jī diǎn huǒ chǎn
时，由发动机点火，产

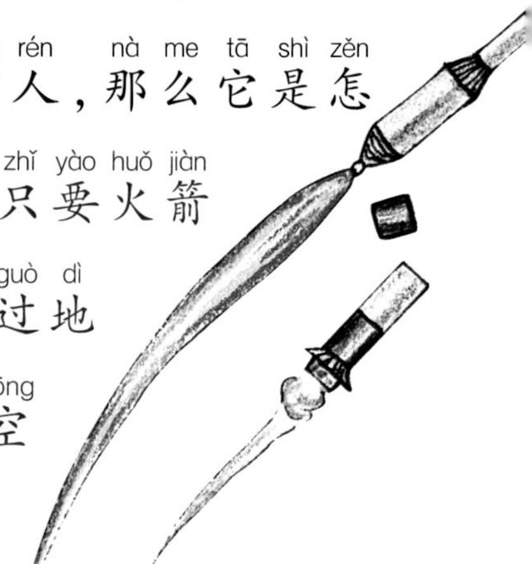

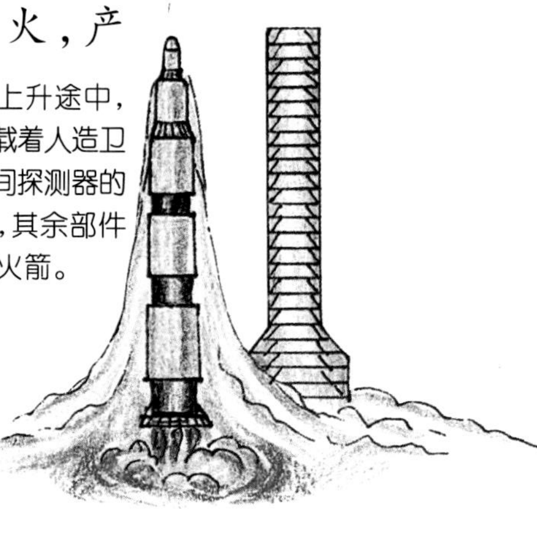
火箭在上升途中，除了装载着人造卫星或空间探测器的部分外，其余部件会脱离火箭。

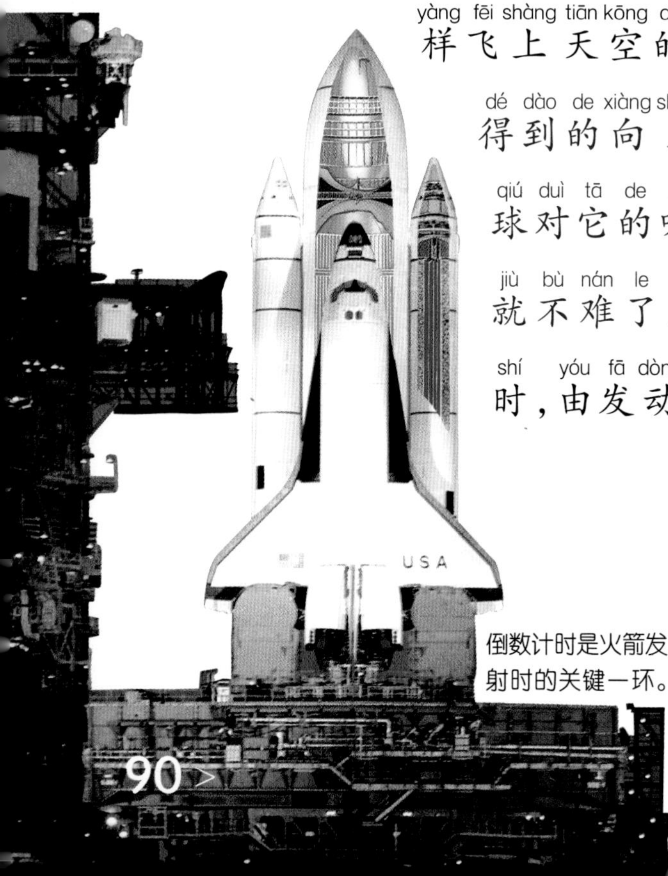

倒数计时是火箭发射时的关键一环。

只要向上的推力足够大，火箭就能飞起来啦！

shēng dà liàng de gāo wēn gāo yā
生大量的高温高压
qì liú zhè xiē qì liú cóng huǒ
气流，这些气流从火
jiàn wěi bù de pēn guǎn zhōng xiàng wài pēn chū gěi huǒ jiàn yí gè xiàng
箭尾部的喷管中向外喷出，给火箭一个向
qián tuī jìn de lì zhè ge lì shǐ huǒ jiàn bú duàn jiā sù zuì hòu kè
前推进的力，这个力使火箭不断加速，最后克
fú zì shēn de zhòng lì lí kāi dì miàn jìn rù tài kōng
服自身的重力，离开地面，进入太空。

火箭发射方式原理图

智慧小考官

火箭可以向任意方向发射吗？

不可以。科学家会沿着地球自转的方向发射火箭。因为地球上的物体都随着地球的自转一起转动，火箭也不例外。这样发射能让火箭跟随着地球的自转方向运动，同时，离开地球时受到的阻力小一些，以便节省燃料。

火箭发射的方向还真有讲究呢！

火箭发射后，发射架倒回地面。

人造卫星为什么不会相撞？

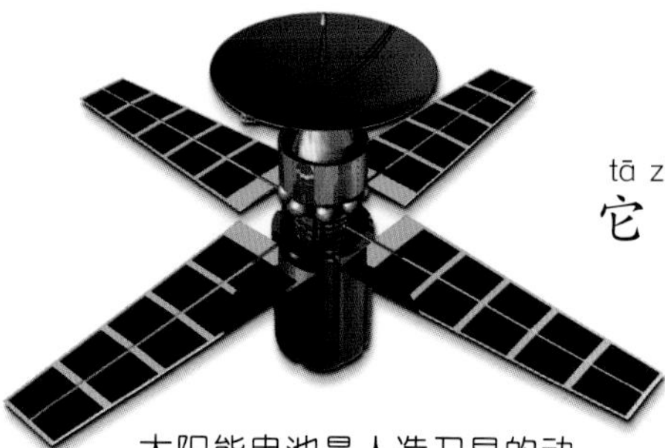

太阳能电池是人造卫星的动力之源。

人造卫星是搭载着火箭飞入太空的，它装在火箭的顶部，头上戴着一顶圆锥形的防护罩。卫星通过火箭的推动与火箭一起飞行，到达预定的卫星轨道后，它就会与火箭分离，自己开始运行。每一颗人造卫星都有自己的运行轨道，这是因为不同的人造卫

各种各样的人造卫星

在地球上空运行的卫星

xīng xū yào zài bù tóng de gāo dù hé fāng
星需要在不同的高度和方
wèi shang yùn xíng ér qiě tài kōng
位上运行。而且太空
zhōng yǒu nà me duō de wèi xīng zhǐ yào guǐ dào
中有那么多的卫星，只要轨道
bù tóng tā men jiù bú huì hù xiāng pèng zhuàng
不同，它们就不会互相碰撞。
rén zào wèi xīng de guǐ dào shì yóu kē xué jiā yù xiān
人造卫星的轨道是由科学家预先
shè jì de wǒ men kě yǐ yáo kòng tā men de fāng xiàng
设计的，我们可以遥控它们的方向。

国际移动卫星

智慧小考官

人造卫星最后会掉下来吗?

由于人造卫星运动轨道的不同，它们的"结局"也不一样。距离地球比较近的卫星在能量消耗光之后，一定会掉下来。不过，距离比较远的卫星在能量消耗光后，会在太空中飘荡。

人造卫星和小蚂蚁一样用气味辨别方向吗?

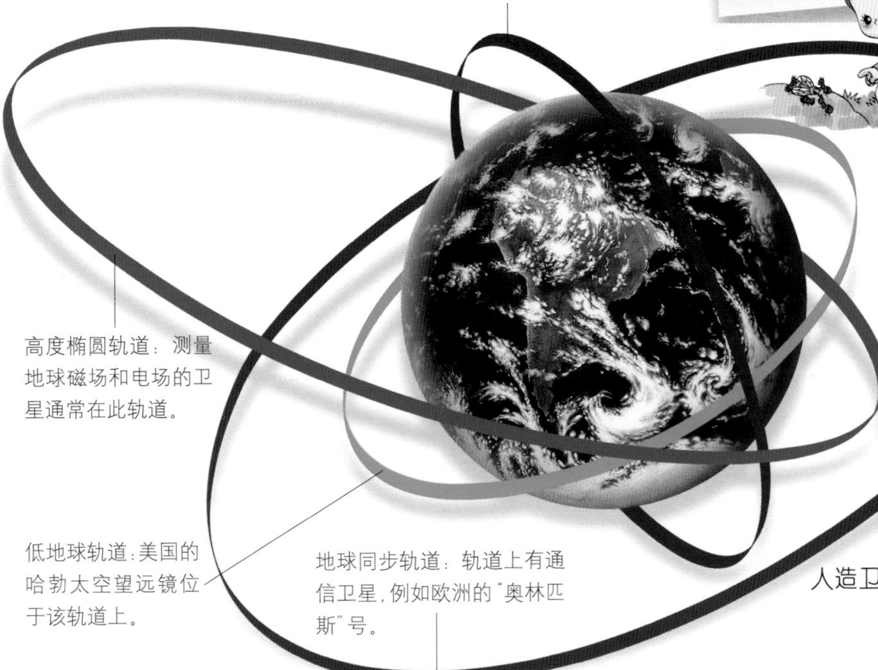

极地轨道：气象卫星在此轨道上运行。
高度椭圆轨道：测量地球磁场和电场的卫星通常在此轨道。
低地球轨道：美国的哈勃太空望远镜位于该轨道上。
地球同步轨道：轨道上有通信卫星，例如欧洲的"奥林匹斯"号。

人造卫星的各种轨道

太空探测器有人驾驶吗？

太空探测器是一种航天器，它需要人驾驶吗？实际上，太空探测器是高度精密的自动控制装置，所以，它是无人驾驶的。太空探测器“独立性”很

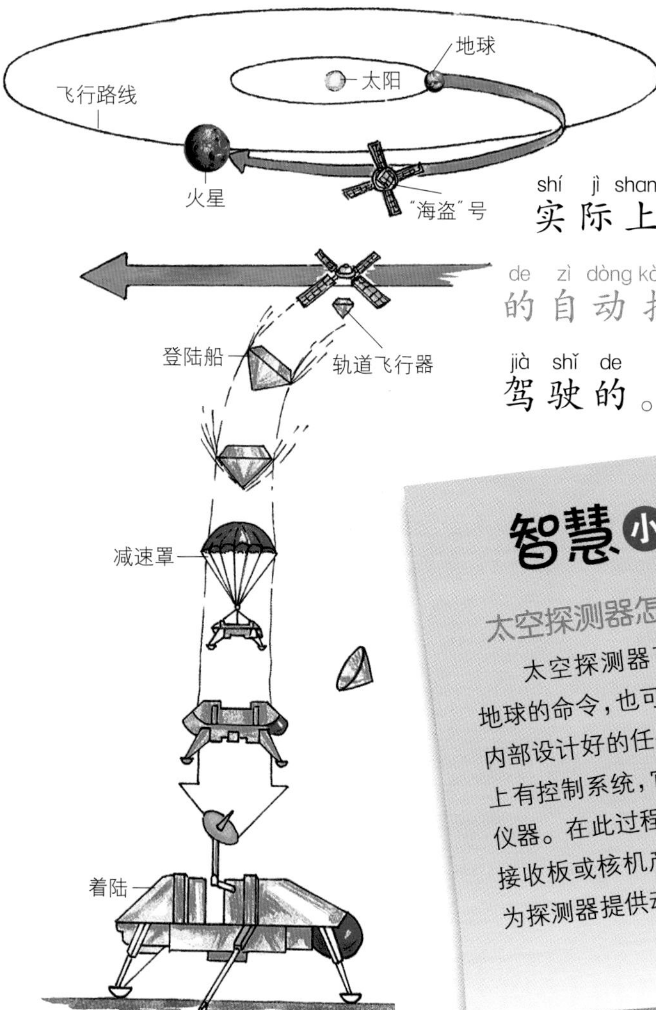

“海盗”号探测器登陆火星

智慧小考官

太空探测器怎样工作？

太空探测器可以接收来自地球的命令，也可以执行计算机内部设计好的任务。太空探测器上有控制系统，它负责操作科学仪器。在此过程中，来自太阳能接收板或核机产生的电能为探测器提供动力。

太空探测器无须有人驾驶就能自动飞行。

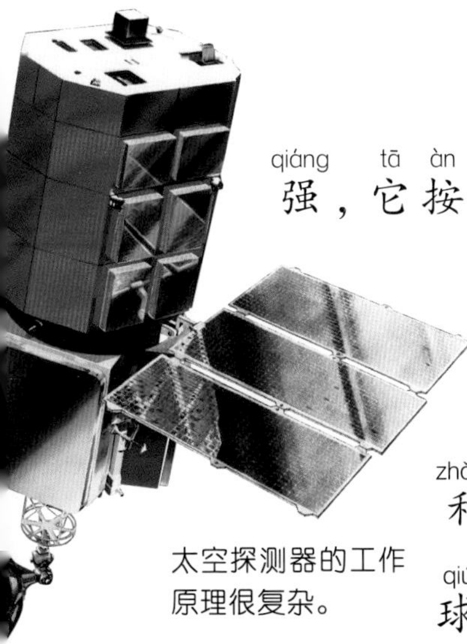

强，它按预定路线飞往目标，自动工作并通过无线电把探测结果发回地球。到目前为止，各种各样的太空探测器先后对月球、水星、金星、木星、天王星、海王星、哈雷彗星以及许多小行星、卫星进行过考察。

太空探测器的工作原理很复杂。

“伽利略”号探测器是木星的考察者。

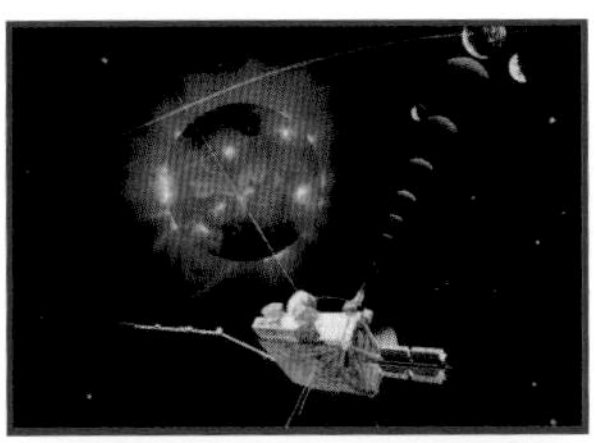

“尤里西斯”号探测器是美国于1990年送入太空的探测器。

“金星”号探测器在获取金星的数据方面立下了汗马功劳。

“旅行者”1号太空探测器

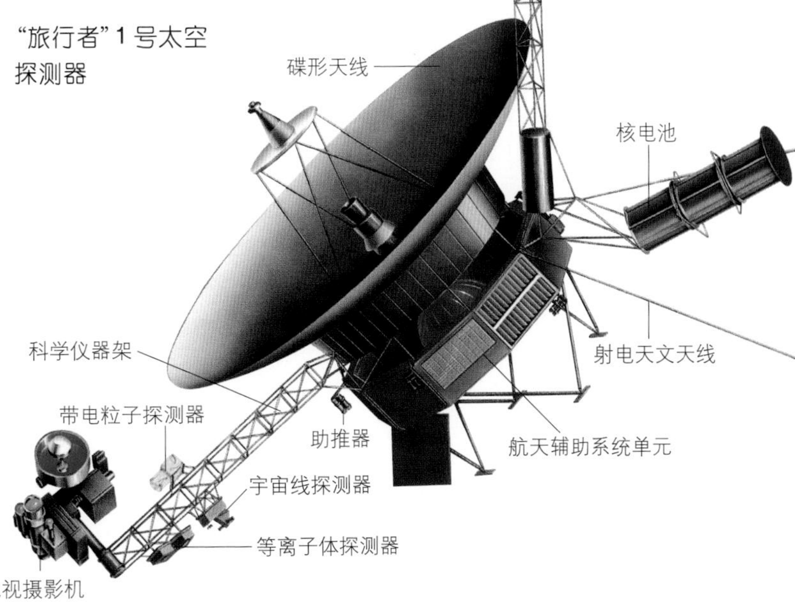

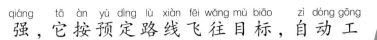

载人飞船可以多次使用吗？

载人飞船也就是我们所说的宇宙飞船，它能保障航天员在外层空间生活和工作，还能及时返回地球。那么，为了节约成本，返回地球的载人飞船还可以再利用吗？很可惜，载人飞船仅能使用一次。因

载人飞船和航天飞机一样，搭载在火箭上升空。

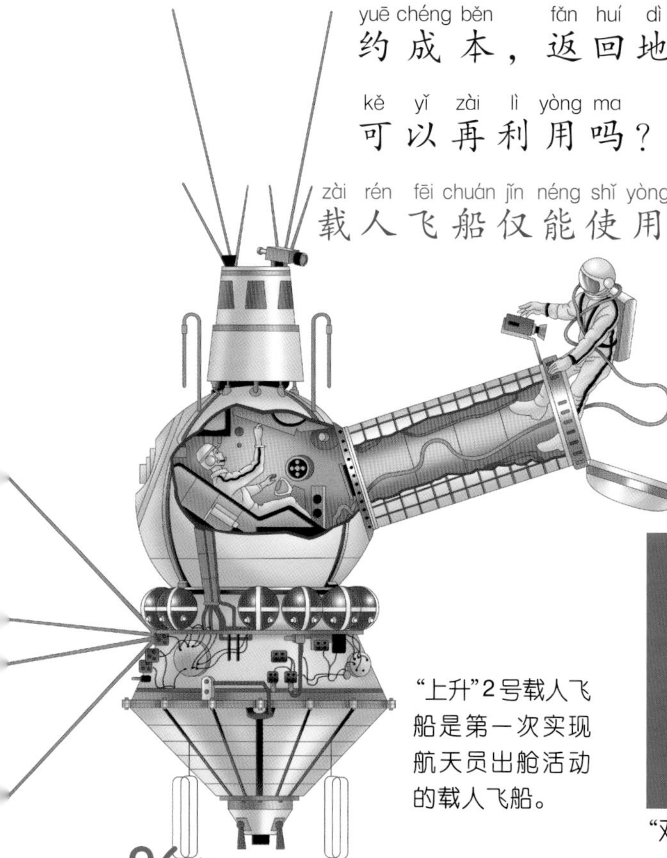

“上升”2号载人飞船是第一次实现航天员出舱活动的载人飞船。

“双子星座”号载人飞船的座舱返回地球。

如果载人飞船像降
落伞一样可以重复使
用该多好！

为载人飞船的运行时间有限。这也是载人飞船最大的局限。另外，载人飞船的容积较小，由于受所载的消耗性物资数量的限制，它也不具备再补给的能力。

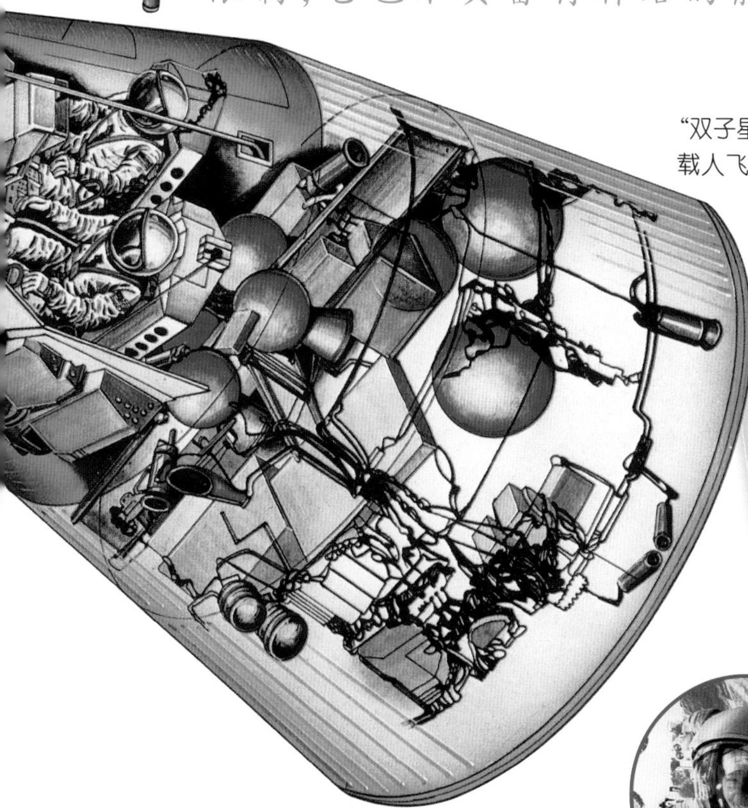
“双子星座”号载人飞船

人类登上月球离不开载人飞船的帮助。

智慧小考官

乘上载人飞船会有什么感觉？

乘上载人飞船飞向太空后，航天员会处于失重状态。当所有肌肉放松时，他们的大腿就会轻轻向上抬起，胳膊向前舒展，身体略微弯曲，看上去仿佛在水中一样。

处于失重状态的航天员

航天飞机为什么不怕热?

航天飞机为什么不怕热呢？这与它的隔热瓦有关。隔热瓦位于航天飞机外表面，由一层耐高温材料制成，可以阻止高温入侵飞机内部。例如，机头的隔热瓦可耐1360℃的高温。

太空中的航天飞机

航天飞机发射

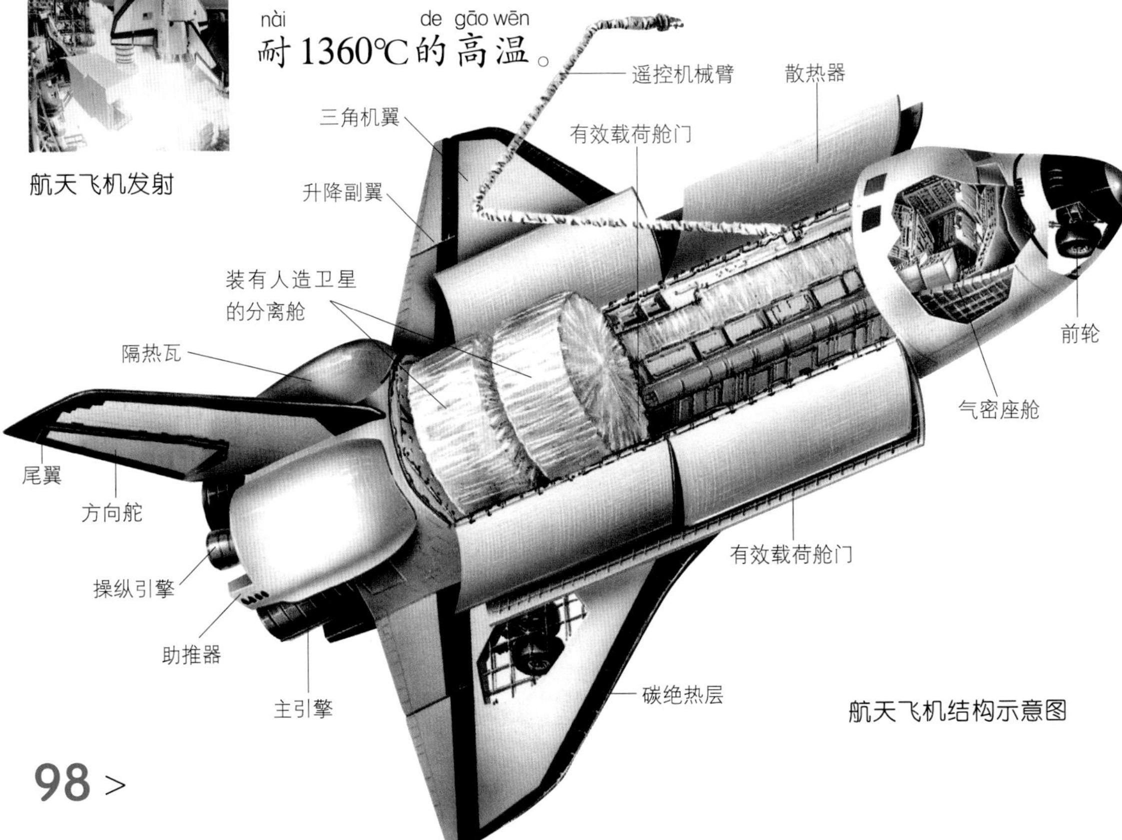

航天飞机结构示意图

航天飞机能重复使用吗？

如果你了解航天飞机诞生的背景，那么一定清楚它能不能重复使用。航天飞机是为了降低宇宙飞船不能重复使用造成的高成本而研制的。现在，航天飞机已成为人类进入太空的交通工具，是航天史上的重要里程碑。不过，在每次再使用前，维护和检修是必不可少的。

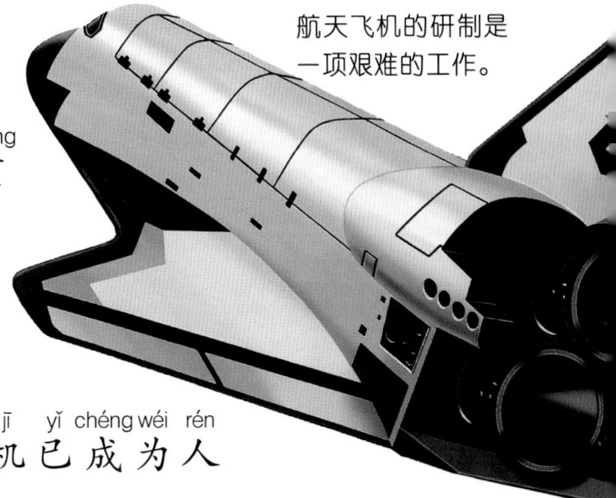

航天飞机的研制是一项艰难的工作。

可以多次使用的航天飞机

查查资料，看看
航天飞机能不能
再次使用！

空天飞机是第二代航天飞机，全称航空航天飞机。

kōng jiān zhàn shì zuò shén me yòng de
空间站是做什么用的？

国际空间站

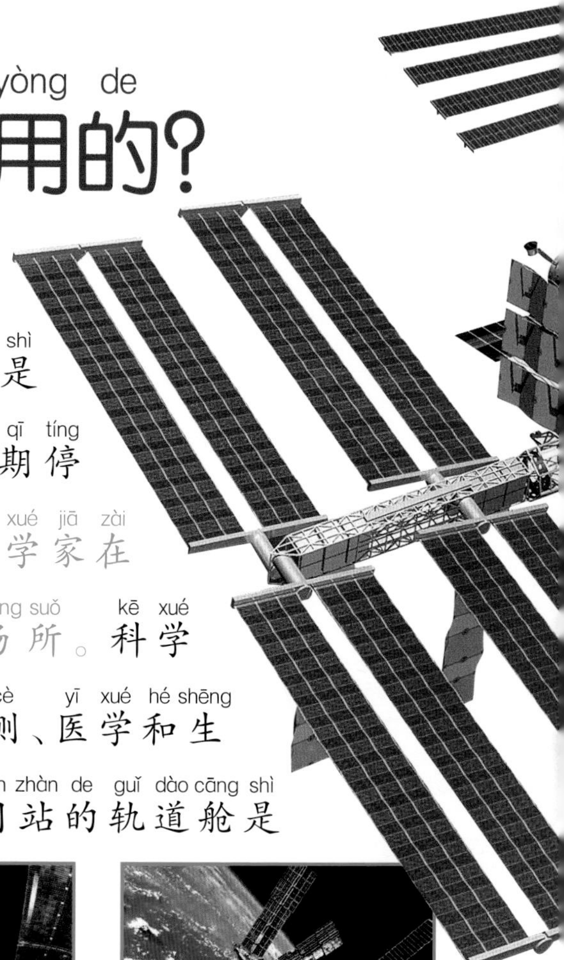

kōng jiān zhàn yòu jiào guǐ
空间站又叫“轨
dào zhàn huò háng tiān zhàn shì
道站”或“航天站”，是
yì zhǒng néng zài tài kōng cháng qī tíng
一种能在太空长期停
liú de háng tiān qì tā shì kē xué jiā zài
留的航天器。它是科学家在
kōng zhōng jìn xíng kē xué yán jiū gōng zuò de kōng jiān chǎng suǒ kē xué
空中进行科学研究工作的空间场所。科学
jiā zài kōng jiān zhàn kě yǐ jìn xíng dì qiú zī yuán kān cè yī xué hé shēng
家在空间站可以进行地球资源勘测、医学和生
wù xué yán jiū jì shù shì yàn děng gōng zuò kōng jiān zhàn de guǐ dào cāng shì
物学研究、技术试验等工作。空间站的轨道舱是

No.1
长期运行在太空中的航天站

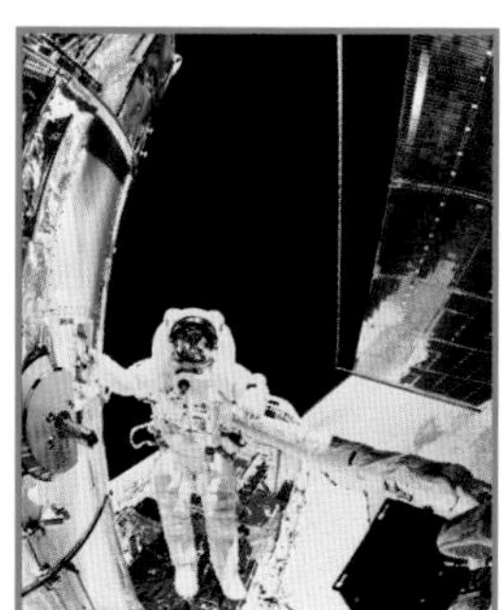
No.2
“天空实验室”是美国第一个空间站。

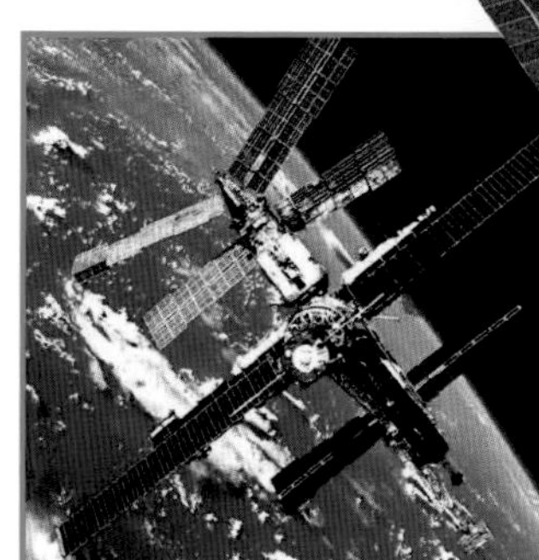
No.3
“和平”号空间站是第一个在太空长期运行的载人空间站。

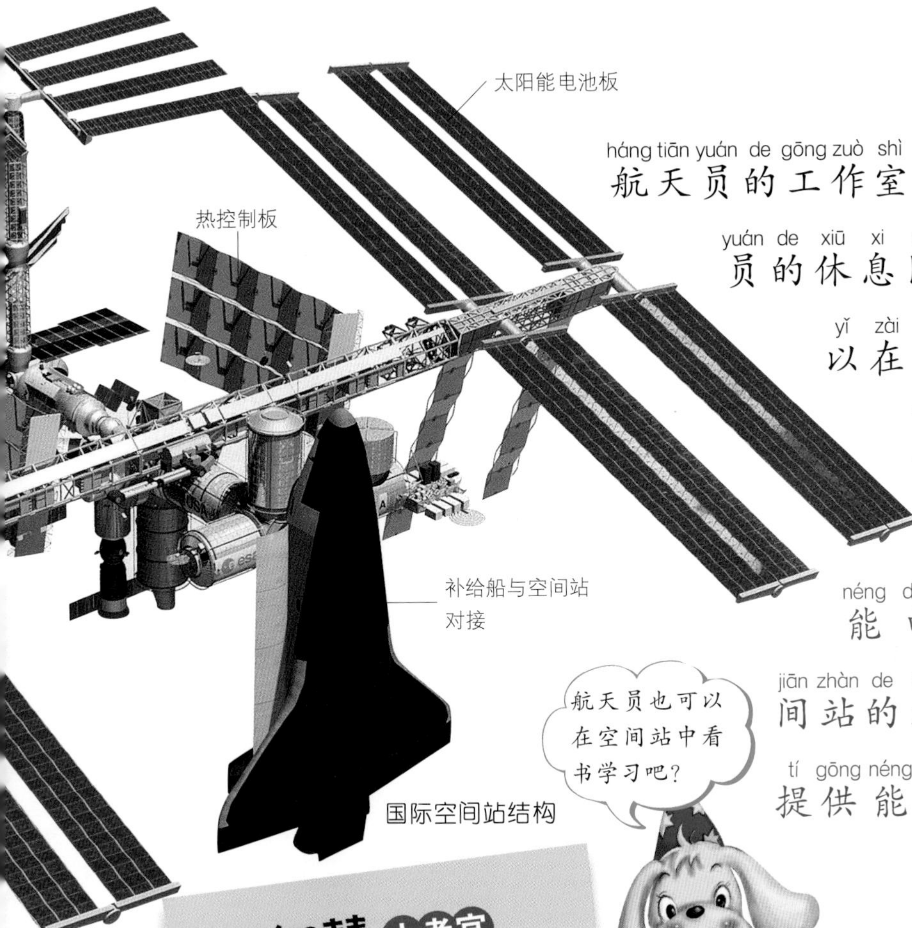

国际空间站结构

航天员的工作室，生活舱是航天员的休息区。航天员们可以在里面生活几十天、几个月甚至一两年。太阳能电池板装在空间站的外侧，为空间站提供能源。

航天员也可以在空间站中看书学习吧？

智慧小考官

空间站里的航天员从哪里获得生活用品呢？

航天员要在空间站里生活很长时间，他们的生活用品不是一次就带去的。空间站上航天人员的更换和生活用品的补充，都可以由载人飞船或航天飞机运送，生活用品也可以由无人航天器运送。

这些水果可以由航天器送到空间站去。

rén rén dōu néng chéng wéi háng tiān yuán ma
人人都能成为航天员吗？

bìng fēi rén rén dōu néng chéng wéi háng tiān yuán yīn wèi háng tiān yuán zhè ge
并非人人都能成为航天员，因为航天员这个
shén shèng de zhí yè duì wǒ men tí chū le jí gāo de yāo qiú háng tiān
神圣的职业对我们提出了极高的要求。航天
yuán bì xū yǒu qiáng jiàn de tǐ pò liáng hǎo de
员必须有强健的体魄、良好的
jiào yù shuǐ píng yōu xiù de fēn xī hé jiě jué wèn tí de néng lì
教育水平、优秀的分析和解决问题的能力。
zài chéng wéi zhēn zhèng de háng tiān yuán zhī qián háng tiān yuán hòu xuǎn
在成为真正的航天员之前，航天员候选

俄罗斯失重大水池

航天员要通过失重飞机进行训练，以适应失重的状态。

智慧小考官

中国进入太空的第一人是谁？

中国进入太空的第一人是航天员杨利伟。2003年10月16日，中国首次载人航天飞行圆满成功。杨利伟乘坐中国人自己研制的飞船在太空中绕地球飞行14圈后，安全返回。这是中国人迈向宇宙的历史性一步。

中国进入太空的第一人——杨利伟

rén xū yào zhǎng wò bìng wán chéng yì xiē bì xū de kē xué jì néng
人需要掌握并完成一些必需的科学技能。
qí cì yào jìn yí bù tí gāo tǐ néng hé gǎi shàn xīn lǐ sù zhì
其次，要进一步提高体能和改善心理素质。
háng tiān yuán suǒ bì xū jiē shòu de tǐ néng xùn liàn qí jiān kǔ chéng dù shì lìng rén nán yǐ xiǎng xiàng de
航天员所必须接受的体能训练，其艰苦程度是令人难以想象的。
rú guǒ nǐ xiǎng chéng wéi háng tiān yuán cóng xiàn zài qǐ jiù yào nǔ lì xué xí jiā qiáng tǐ yù duàn liàn le
如果你想成为航天员，从现在起就要努力学习、加强体育锻炼了！

人类始终致力于对太空的探索活动，所以必须培养优秀的航天员。

人类向太空进发

宇航员在太空怎么尿尿？

太空是一种失重环境，即所有东西到了那里都没法乖乖地待在地上，假如你在太空中洒了一杯水，水并不会落在地面，而是在空中漂浮，真是太神奇了。可是，如果是这样，那宇航员到了太空，要怎么尿尿呢？这你可不用担心，在发射和着陆阶段，宇航员会使用“强力吸尿裤”，它类似于宝宝的纸尿裤，用完后把它收拾好，等回到地球时扔掉就可以了。

航天员在航天飞机上。

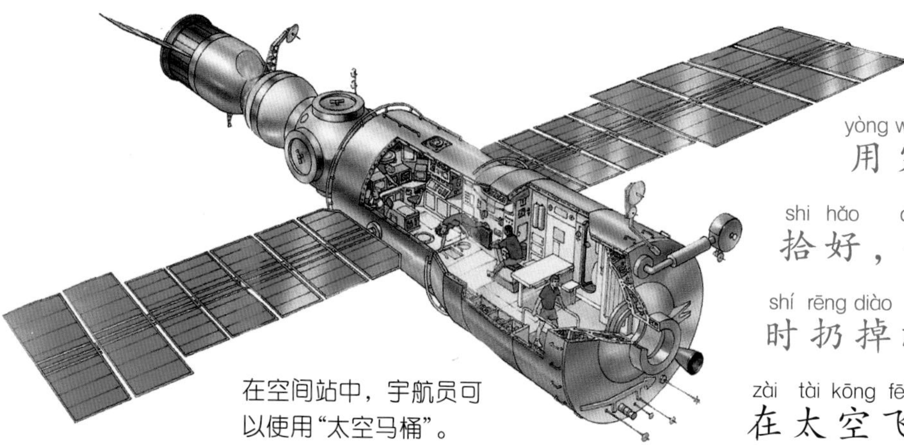

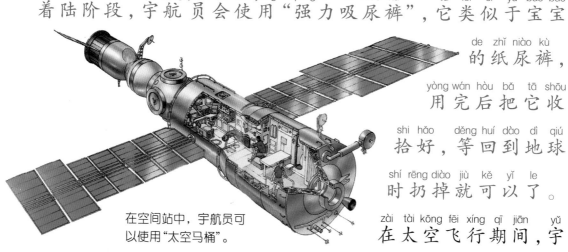

在空间站中，宇航员可以使用“太空马桶”。

在太空飞行期间，宇

智慧小考官

宇航员在太空中睡觉需要床吗？

宇航员在太空中睡觉可不用床。在失重情况下，站着、躺着睡觉都一样。所以，宇航员靠着天花板睡，或者笔直地站着靠墙睡。

太空是一种失重的环境。

háng yuán hái kě yǐ shǐ yòng tài kōng mǎ tǒng zài shǐ yòng zhè zhǒng mǎ tǒng de shí hou
航员还可以使用“太空马桶”。在使用这种马桶的时候，
yào bǎo zhèng pì gu hé mǎ tǒng de biān yuán tiē jǐn shǐ mǎ tǒng bǎo chí wán quán
要保证屁股和马桶的边缘贴紧，使马桶保持完全
mì fēng de zhuàng tài yǔ háng yuán yòng wán hòu chōu yí xià mǎ tǒng li de
密封的状态，宇航员用完后抽一下马桶里的
qì qì liú jiù bǎ fèn biàn dài zǒu le
气，气流就把粪便带走了。

宇航员在太空作业。

后面更精彩哟……

wǒ men néng dào yuè qiú shang shēng huó ma
我们能到月球上生活吗？

月球

zì cóng nián rén lèi dì yī cì dēng yuè chéng gōng hòu kē
自从1969年人类第一次登月成功后，科
xué jiā jiù yì zhí zài yán jiū rú hé zài yuè qiú shang jiàn zào fáng wū
学家就一直在研究，如何在月球上建造房屋，
yǐ gōng rén lèi yǒng jiǔ jū zhù dàn shì yuè
以供人类永久居住。但是，月
qiú shang hái cún zài zhe zhòu yè wēn chā hěn dà yǔ zhòu shè xiàn
球上还存在着昼夜温差很大、宇宙射线
fú shè hé liú xīng xí jī děng xǔ duō wèn tí yào jiě jué zhè
辐射和流星袭击等许多问题。要解决这
xiē nán tí xuǎn zé fáng wū wèi zhì hěn guān jiàn xiàn zài kē
些难题，选择房屋位置很关键。现在，科

月球探测器是人类探测月球的重要工具。

航天员正在采集月球岩石样品。

智慧小考官

为什么说月球可能是个能源宝库？

月球上资源丰富，据探测，月球表面覆盖着一层由太阳风粒子积累所形成的气体，如氦-3。如果从月球开采出1500吨氦-3气体，就能满足地球一年的能源需要。

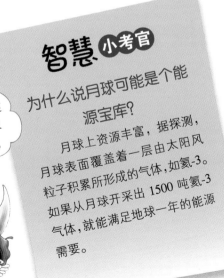

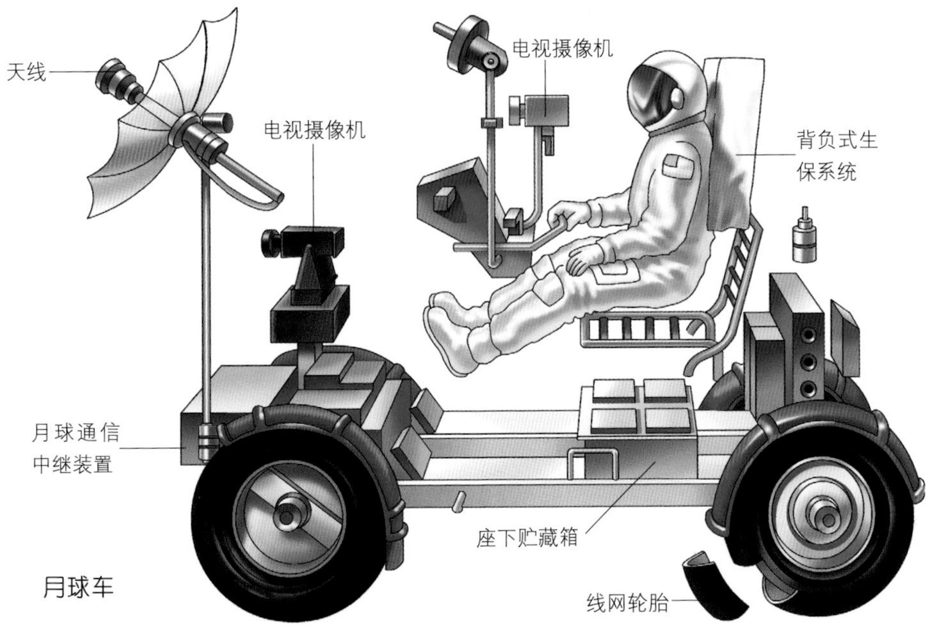

月球车

xué jiā men yǐ jīng zhǎo dào le zuì jiā de jiàn wū wèi zhì jù shè xiǎng rén lèi jiāng xiān
学家们已经找到了最佳的建屋位置。据设想，人类将先
zài yuè qiú shang jiàn zào yí gè yuè qiú tǎ nà shí rén men kě yǐ dǐ dá yuè qiú cān guān
在月球上建造一个月球塔，那时人们可以抵达月球参观。
rú guǒ wǒ men zhēn de yào zài yuè qiú shang cháng qī jū zhù hái yào jīng guò kē xué jiā de
如果我们真的要在月球上长期居住，还要经过科学家的
jì xù nǔ lì cái néng shí xiàn
继续努力才能实现。

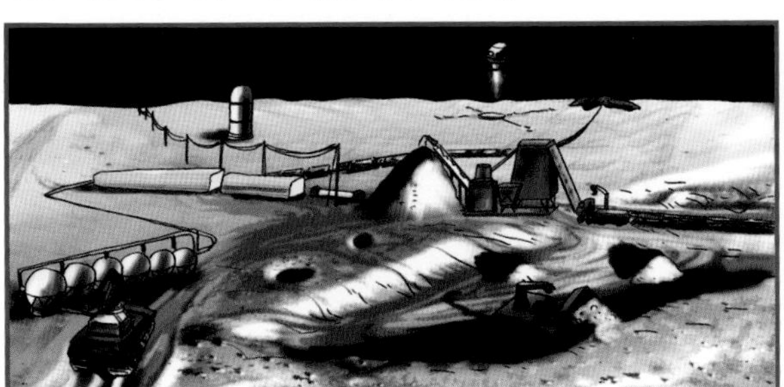

科幻画：开发月球

科幻画：在月球上看地球

rén lèi dēng shàng le huǒ xīng méi yǒu
人类登上了火星没有？

这块在南极找到的陨石被认为来自火星。

mù qián de kē xué jì shù hái bù néng zhī chí rén lèi dēng
目前的科学技术还不能支持人类登
lù huǒ xīng suǒ yǐ rén lèi hé huǒ xīng hái méi yǒu qīn mì jiē
陆火星，所以人类和火星还没有亲密接
chù guo ne bú guò cóng shì jì nián dài kāi shǐ rén lèi
触过呢！不过从20世纪60年代开始，人类
jiù bú duàn de xiàng huǒ xīng pài chū xiān fēng shǐ zhě xíng xíng sè sè de huǒ xīng tàn cè
就不断地向火星派出先锋使者——形形色色的火星探测
qì rú sū lián de huǒ xīng hào tàn cè
器，如苏联的“火星”号探测
qì měi guó de hǎi dào hào tàn cè qì
器、美国的“海盗”号探测器

随“探路者”号火星探测器登陆火星的机器人

在火星上工作的机器人

智慧小考官

在探测火星过程中发现的“人面”是怎么形成的？

关于火星上的“人面”是如何形成的，目前还没有统一的答案。一些科学家认为，这些“人面”是自然形成的岩石块，而还有一些科学家则认为，这是光线变化造成的。

děng zhè xiē tàn cè qì yǒu de rào huǒ xīng fēi xíng yǒu de
等。这些探测器有的绕火星飞行，有的
jiàng luò dào huǒ xīng biǎo miàn shang jìn xíng tàn cè rán hòu xiàng
降落到火星表面上进行探测，然后向
rén lèi fā huí bǎo guì de zī liào suí zhe kē xué jì shù
人类发回宝贵的资料。随着科学技术
de fā zhǎn xiāng xìn yǒu yì tiān rén lèi yí
的发展，相信有一天人类一
dìng néng gòu dēng shàng huǒ xīng
定能够登上火星！

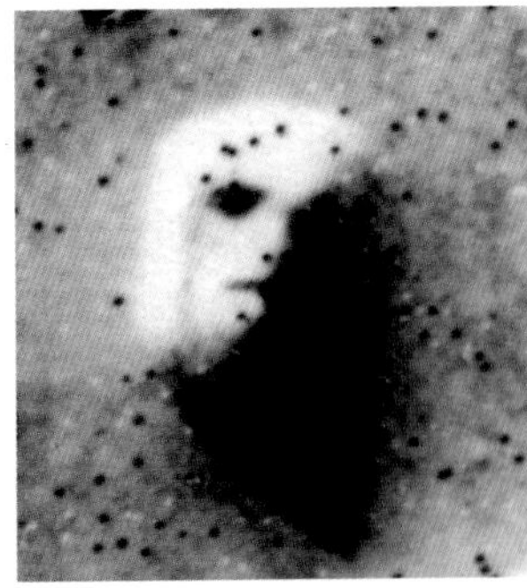

1976年，美国的“海盗”1号飞船发回了火星沙漠地区的照片，照片中现出了一个五官俱全的“人面”。

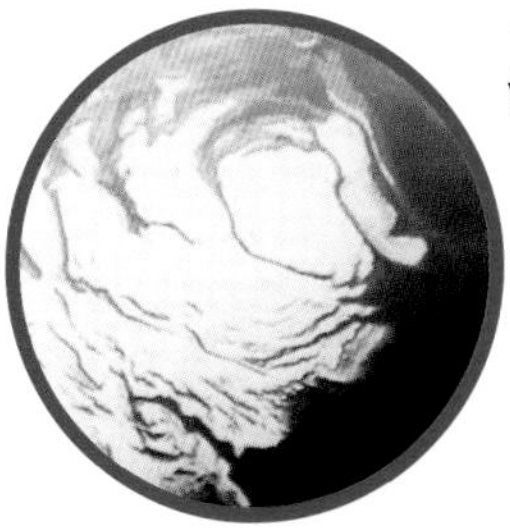

在火星南极有白色的极冠，它可能是由水和干冰组成的。

火星表面呈现一片暗红色。

tài kōng kě yǐ bèi rén lèi kāi fā lì yòng ma
太空可以被人类开发利用吗？

kāi fā tài kōng shì rén lèi jiǔ yuǎn de mèng xiǎng zhí dào nián sū
开发太空是人类久远的梦想。直到1957年苏
lián fā shè dì yī kē rén zào wèi xīng rén lèi cái zhēn zhèng tà shàng le kāi
联发射第一颗人造卫星，人类才真正踏上了开
fā tài kōng de lǚ chéng suí zhe kē xué jì shù de bú duàn jìn bù dìng
发太空的旅程。随着科学技术的不断进步，定
jū tài kōng yě bú zài shì yáo bù kě jí de mèng xiǎng
居太空也不再是遥不可及的梦想。21
shì jì rén lèi kāi fā tài kōng de jì huà
世纪，人类开发太空的计划
yǒu tài kōng qiáo tài kōng
有太空桥、太空

向太空移民目前还是人类的一个梦想。

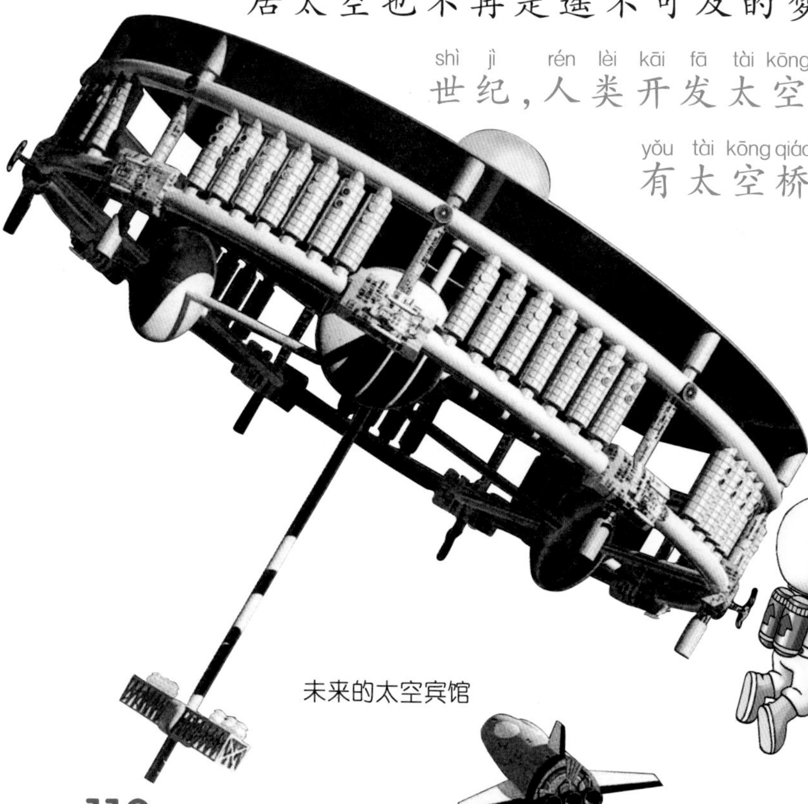

未来的太空宾馆

人类正在努力开发太空，寻找更多的生存空间。

港、人造太空球、太空工厂、太空农场等，这些计划可以让太空为人类所用。例如，“太空港”计划可以在太空中形成一个完整的航天运输网络，这样，空间客运就会有转运站了；“人造太空球”可以减轻地球上人口的压力。

人造太空球里的生活环境和地球上是一样的，人类可以在其中生活。

智慧小考官

普通人现在可以到太空中旅游吗?

人类在太空建立定居点还有相当一段路要走，但不久太空旅游就可以实现了。到目前为止，已有5位非航天员人士到过太空呢！不过，太空旅游的费用很高，一般人根本消费不起。

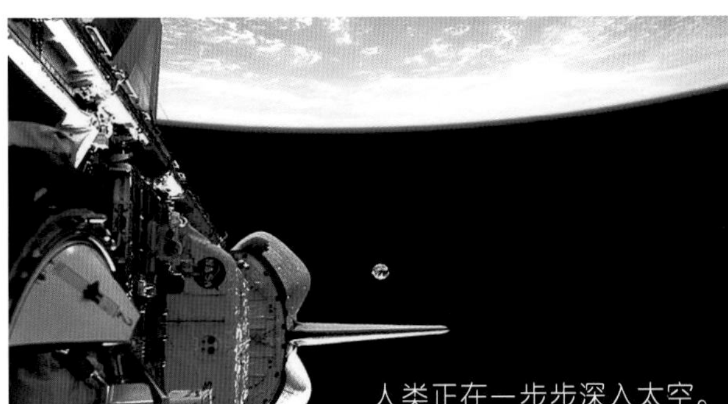

人类正在一步步深入太空。

tài kōng zhōng wèi shén me yǒu lā jī
太空中为什么有垃圾？

zài tài kōng guǐ dào shang piāo fú de wú yòng zhī wù
在太空轨道上飘浮的无用之物
jiù shì tài kōng zhōng de lā jī nà me
就是太空中的垃圾。那么
wèi shén me huì yǒu tài kōng lā jī ne
为什么会有太空垃圾呢？
zhè shì yīn wèi xǔ duō tài kōng rèn
这是因为许多太空任
wu dōu huì zhì zào lā jī rú
务都会制造垃圾，如
diū qì de huǒ jiàn lǎo jiù de
丢弃的火箭、老旧的
rén zào wèi xīng rén zào wèi xīng bào zhà
人造卫星、人造卫星爆炸

开发太空时，一定要像爱护地球那样保护太空。

环绕地球的太空垃圾

huò cuī huǐ shí chǎn shēng de suì
或摧毁时产生的碎
piàn děng chú le dà xíng fèi qì wù dà xiǎo zài lí
片等。除了大型废弃物，大小在1厘
mǐ dào lí mǐ de lā jī suì piàn yě kě yǐ chéng wéi
米到10厘米的垃圾碎片也可以成为
tài kōng zhōng de wēi xiǎn wù tài kōng lā jī huì gěi háng
太空中的危险物。太空垃圾会给航
tiān shì yè dài lái yǐn huàn hái huì wū rǎn yǔ zhòu kōng jiān
天事业带来隐患，还会污染宇宙空间。

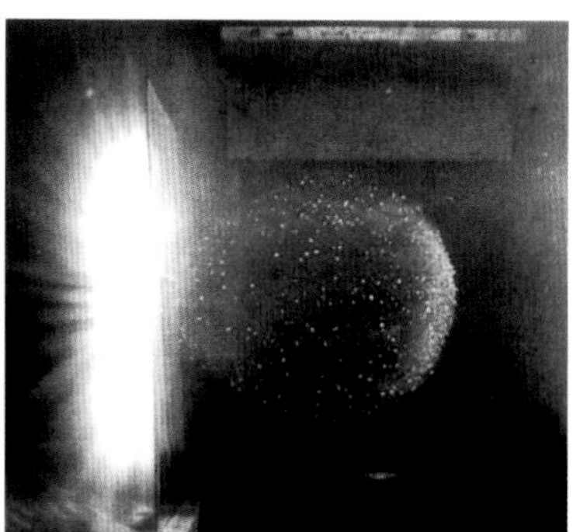

地球上的高速撞击实验表明，太空垃圾撞击飞行器的概率很大。

wèi shén me rén zài tài kōng zhōng huì zhǎng gèr
为什么人在太空中会长个儿?

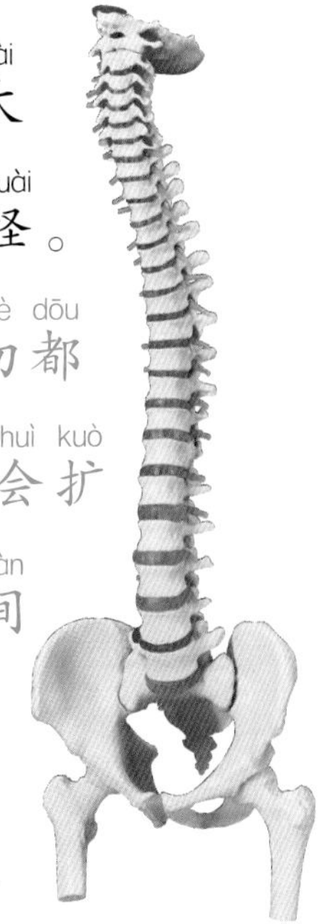

shēng huó zài tài kōng li de háng tiān yuán huì fā xiàn zì jǐ zài tài
生活在太空里的航天员，会发现自己在太
kōng li zhǎng gèr le zhè shì tài kōng zhōng de shī zhòng zuò yòng zài gǎo guài
空里长个儿了。这是太空中的失重作用在搞怪。
rén zài tài kōng zhōng shí bú shòu zhòng lì yǐng xiǎng yí qiè dōu
人在太空中时，不受重力影响，一切都
méi yǒu shàng xià zhī fēn rén tǐ jǐ gǔ de zhuī pán huì kuò
没有上下之分，人体脊骨的椎盘会扩
zhǎn suǒ yǒu de guān jié yě huì sōng chí jiàn
展，所有的关节也会松弛、间
xì zēng dà jǐ shí gè guān jié
隙增大。几十个关节
de wēi xiǎo kuò zhāng jiā qi
的微小扩张加起
lai jiù huì shǐ shēn
来，就会使身
tǐ míng xiǎn zēng gāo bú guò háng
体明显增高。不过，航
tiān yuán huí dào dì qiú dì miàn hòu
天员回到地球地面后，
zhè zhǒng xiàn xiàng jiù huì xiāo shī
这种现象就会消失。

脊椎在没有重力的情况下会变长。

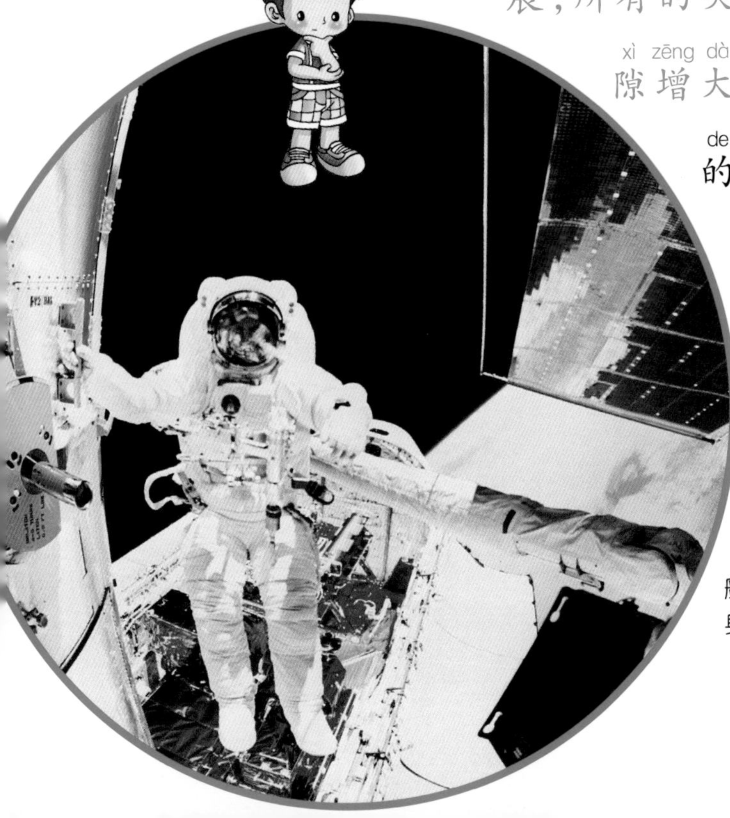

航天员在返回地面后的几个小时内，身高就会恢复到原来的状态。

创世卓越 荣誉出品
Trust Joy Trust Quality

图书在版编目(CIP)数据

怪怪科学:宇航员在太空怎么尿尿? / 龚勋主编.
—重庆:重庆出版社,2013.6
(问东问西小百科)
ISBN 978-7-229-06712-0

Ⅰ.①怪… Ⅱ.①龚… Ⅲ.①空间探索—儿童读物
Ⅳ.①V11-49

中国版本图书馆CIP数据核字(2013)第137397号

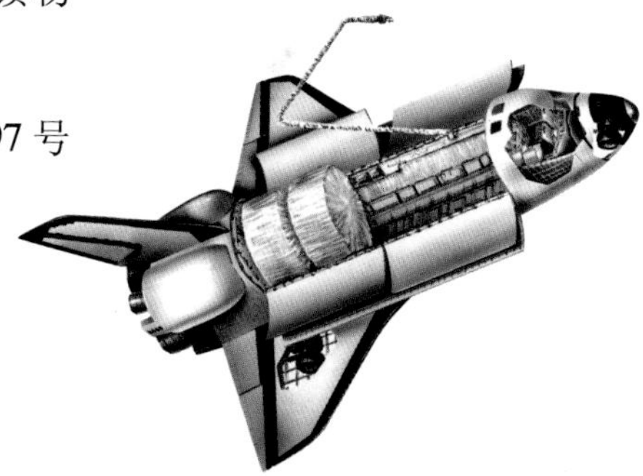

问东问西小百科

怪怪科学

宇航员在太空怎么尿尿?

总策划 邢涛
主编 龚勋
设计制作 北京创世卓越文化有限公司
图片提供 全景视觉等
出版人 罗小卫
责任编辑 郭玉洁 李云伟
责任校对 杨媚
印制 张晓东
出版 重庆出版集团 重庆出版社 出品 果壳文化传播公司 出品
地址 重庆长江二路205号

邮编 400016
网址 http: //www.cqph.com
电话 023-68809452
发行 重庆出版集团图书发行有限公司发行
经销 全国新华书店经销
印刷 北京丰富彩艺印刷有限公司
开本 889mm×1194mm 1/24
印张 5
字数 60千
版次 2013年7月第1版
印次 2013年7月第1次印刷
书号 ISBN 978-7-229-06712-0
定价 18.00元